先进注塑模具图解

Understanding Injection Molds

（德）哈里 · 布鲁纳（Harry Pruner ）
（德）沃尔夫冈 · 那什 （Wolfgang Nesch ）著
王道远 译

化学工业出版社
· 北 京 ·

本书主要从模具设计基础、两板模的脱模类型、浇口技术、标准件、冷却控制、特殊模具设计、模具表面处理、机械加工工艺和模具的保养、维护和存放等入手，对注塑模具的基础知识进行了阐述。

该书运用大量的彩图，更直观、更具体。该书主要针对模具行业的新手或者注塑机操作工，也可以作为相关专业的培训教材。

Understanding Injection Molds/by Harry Pruner，Wolfgang Nesch
ISBN 978-1-56990-527-2

北京市版权局著作权合同登记号：01-2018-6843

图书在版编目（CIP）数据

先进注塑模具图解/（德）哈里·布鲁纳，（德）沃尔夫冈·那什著；王道远译. —北京：化学工业出版社，2019.1 (2020.8重印)
书名原文：Understanding Injection Molds
ISBN 978-7-122-33188-5

Ⅰ.①先… Ⅱ.①哈… ②沃… ③王… Ⅲ.①注塑-塑料模具-图解 Ⅳ.①TQ320.66-64

中国版本图书馆CIP数据核字（2018）第236461号

责任编辑：赵卫娟　仇志刚　　　装帧设计：史利平
责任校对：王鹏飞

出版发行：化学工业出版社（北京市东城区青年湖南街13号　邮政编码100011）
印　　装：北京虎彩文化传播有限公司
710mm×1000mm　1/16　印张9¾　字数179千字　2020年8月北京第1版第2次印刷

购书咨询：010-64518888　　　售后服务：010-64518899
网　　址：http://www.cip.com.cn
凡购买本书，如有缺损质量问题，本社销售中心负责调换。

定　　价：88.00元　

序

早在2013年德国K展期间，第一次接触到《Understanding Injection Molds》这本书，曾与原书作者之一的Pruner先生商讨过出版中文版的事宜，但后来由于种种原因搁置了。2016年，在向本书译者王道远先生介绍了关于引进此书的全过程后，我说，或许这本书的中文版在等着你呢！

众所周知，翻译专业出版物，翻译者的专业素养和语言功力是确保译著品质的关键。本书译者从事注塑模具制造超过30年，曾任职于多家全球知名的外资模具制造公司，拥有丰富的行业经验。更难得的是他的专业英语和德语均有相当高的水准。虽然本书的翻译主要基于英文版，但译者通过与德文原版的仔细比对，纠正了英文版的疏误。因此，中文译本的专业性无疑比英文版更胜一筹。

《Understanding Injection Molds》是一本注塑模具“基础知识要点+最新技术结构”兼顾的工具书。我相信，这本书对中国注塑行业，无论是注塑机供应商、模具制造商、注塑加工商，还是终端用户都将大有裨益。当然，我自己也非常喜欢这本书。

非常高兴看到这本书中文版的面世！除了感谢王道远先生专业认真的翻译之外，还要特别感谢他不计较报酬，乐于为行业奉献一本有价值的参考书的精神！同时也感谢化学工业出版社能把这样一本好的注塑模具参考书引入中国，介绍给国内从业者。

段庆生

原雅式集团《CPRJ中国塑料橡胶》主编

深圳塑讯科技总经理

译者前言

2016年夏，在昆山一个由欧洲专家主讲的模具技术研讨会上，有幸认识了原雅式集团《CPRJ中国塑料橡胶》主编、现深圳塑讯科技总经理段庆生先生。闲谈中，段先生提到一本德国模具专家Pruner和Nesch先生所著、介绍欧洲最新模具制造技术的专业书籍《Understanding Injection Molds》（德文版书名：《Spritzgießwekzeuge Kompakt》），化学工业出版社正酝酿翻译出版。经段先生推荐，我承接了翻译任务。

接到原著英译版后，我惊喜地发现，书中许多案例中的模具，都是我曾服务过的德国著名模具制造公司弗伯哈（FOBOHA Formenbau GmbH）的杰作。这个意外发现增强了我要翻译好这本书的决心。

读完这本注塑模具制造的教科书，我发现其内容虽然简短扼要，但涵盖面却十分广泛，同时图文并茂、由浅入深。书的另一个特点是将热塑性、热固性以及弹性体塑料模具同时对比介绍，使读者有机会在短时间内收获更多的知识。尤其是第5章到第7章重点介绍的模具温控技术、各种新型模具种类以及模具表面处理技术，均是本书的精华所在。

本书翻译校对期间，得到了多位国内外专家和同行的指点和帮助。他们有廖勰、刘士亮、杨冲、王增辉、王晓刚、程树年、Mr.Thomas Stein、Mr.Andreas Rothe等，在此一并致谢。

王道远

2018.9.25 于上海

前言

本书专为初学者而编，它简明扼要地向读者介绍了注塑模具的实用知识。章节的安排力图按时间顺序提供完整的基础知识，同时也可作为日常工作的指导和参考。 本书目标读者并非模具设计人员，而是模具行业的新手或注塑机操作工，他们可从书中迅速获得各类模具的全面介绍。本书主要讲述的是热塑性塑料模具。在剖析其模具结构的同时，也特别强调了加工工艺。每章结束前，还讨论了热固性塑料和弹性体模具的加工工艺。本书对结构尤为重视，以方便读者迅速抓住所有基本要点。至于生产过程中模具设计员或专业人士所需的深层知识，可以从其他书刊中获得。

我们衷心感谢为本书内容优化提供信息的用户。在此也特别感谢那些向我们提供专业观点、建设性意见以及插图的公司，包括卡尔·汉斯出版社协助本书出版的所有员工。

如何使用本书

本书阐述的主要是热塑性模具。热固性模具和弹性体模具的各类工艺将在相关章节结束前予以介绍。

在目录表中，彩色小方块会提示，热固性塑料和弹性体的相关内容对于热塑性塑料而言是否相同、不同或根本不适用。这种标记会在正文的各个章节中沿用，上部方块代表弹性体，而下部方块则代表热固性塑料。

图中使用的颜色含义如下：

红色代表注塑产品

黄色代表多组分产品中的第二组分

橙色代表某章节里讲解的组件

■ 弹性体或热固性塑料模具相同

■ 弹性体或热固性塑料模具不同但将进一步阐述

■ 该内容不适用于弹性体或热固性塑料模具

目录

第1章 模具设计基础

1.1 注塑模具的组成

为了对模具技术有基本的了解，下面将介绍注塑模具中一些最重要的组成部分以及常用的技术术语。一副注塑模具通常由两个半模组成：注射侧和顶出侧（见图1.1）。型腔、浇注系统、型芯、顶出部件以及冷却系统分别位于不同的半模中。

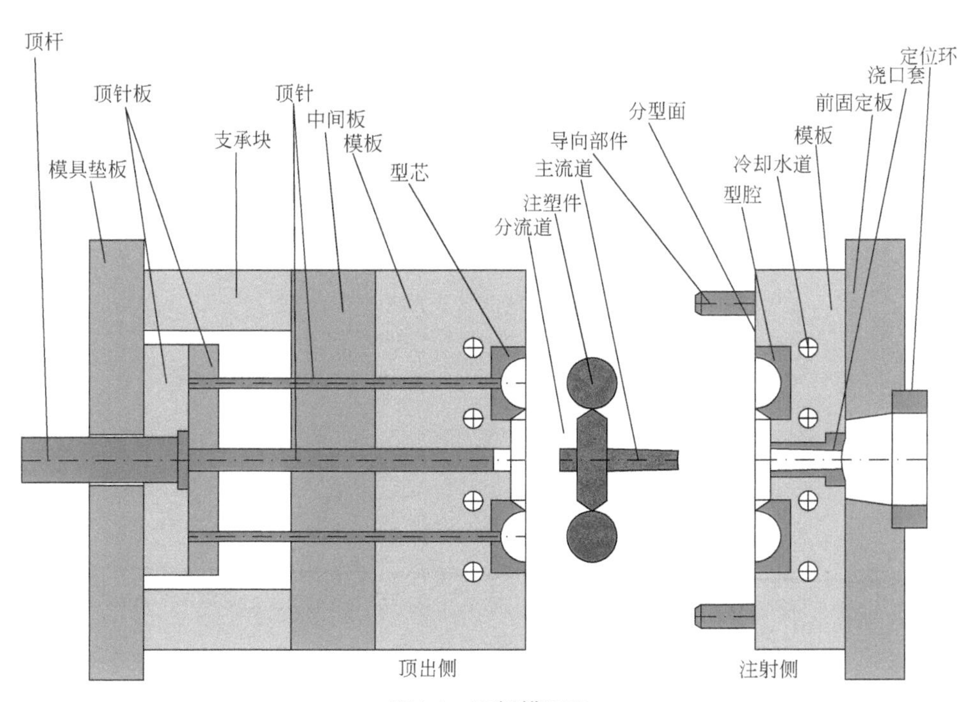

图1.1 两板模原理

1.1.1 设计阶段

我们首先要从模具规格说明书开始，审视一下需要应用哪些模具技术，是否需要采用特殊的模具功能，以及模具设计概念是否适合自动化生产的要求。然后进行型腔数测算。型腔个数将影响注塑机的吨位和模具的外形尺寸。接下来需要确认塑料材料的特性。材料易于流动还是黏度很大、是否是增强型的？模具需要冷却还是加热？要使用哪种浇注系统？

有了这些信息，便可开始模具设计了。首先，要构建产品的3D模型，然后决定是否要对该产品进行填充模拟分析（模流分析）。对于将承受机械压力的产品，可能还需要进行有限元分析（FEA）和工艺模拟分析。

该方法的最大优点是，快速样件制作前的所有工作都可以用CAD软件来完成。一旦该过程结束，建议和客户核对所有技术细节。接着便可以发布模具设计方案了。模具及其零件的生产便可随之启动。

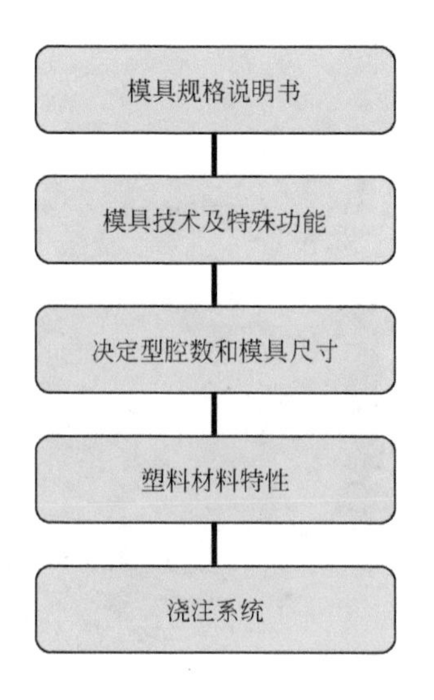

图1.2 搜集信息阶段

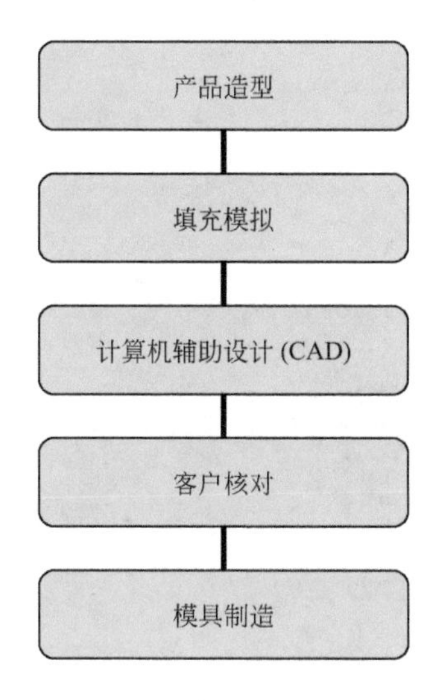

图1.3 设计阶段

1.1.2 热固性塑料模具的稳定性

热固性塑料模具的型芯和镶件尽量避免镶拼。为了提高模具的稳定性，模具最好由整块钢材制成。出于稳定性原因，建议在制作热固性塑料模具时，模具尺寸比热塑性模具大一号，这样可避免侧壁在高注射压力下的变形（可高达250MPa）。

1.1.3 热固性塑料模具的磨损

用于热固性塑料生产的模具较热塑性模具磨损更大。这种现象主要是由热固性塑料中的添加物造成的，如玻璃纤维和矿物质粉。这些添加物充当了磨料。因此，对模具的稳定性提出了更高的要求。

在模具设计阶段有必要将有尖角和易变形部件设计成可互换的。为减少磨损，浇口部件通常由烧结金属制作。必要时模板和成型部件，如模芯、模腔、滑块等必须淬火并镀硬铬。

我们推荐分型面范围外的部件均化学镀镍，因为通过顶针进入顶针板区域的气体和水蒸气具有侵蚀性，会造成部件腐蚀。

鉴于稳定性原因，通常建议热固性塑料的模具尺寸比热塑性模具大一号。热固性塑料模具的模板和成型部件，如型芯、型腔和滑块都需要淬透。

1.2 注射侧

简单的注塑模具通常有两个半模，也就是由注射侧（nozzle side）和顶出侧的多块模板组成的。注射侧（见图1.4）在生产中是不移动的。

在多数情况下，型腔里的模块，也叫模仁或模腔，是安装在两半模注射侧模板内的。注射系统的部件，如浇口套（通常和冷流道浇注系统一起）也位于注射板一侧。

带有热喷嘴的热流道分流板也是注射侧的装配部件，用来生产注塑件。

模具安装在注塑机的模板上，配有可互换的定位环。通过定位环，机器喷嘴进入模具并贴紧浇口套。

对于高温模具，需要在模具面板上加装隔热板，以防热量传给注塑机的模板。

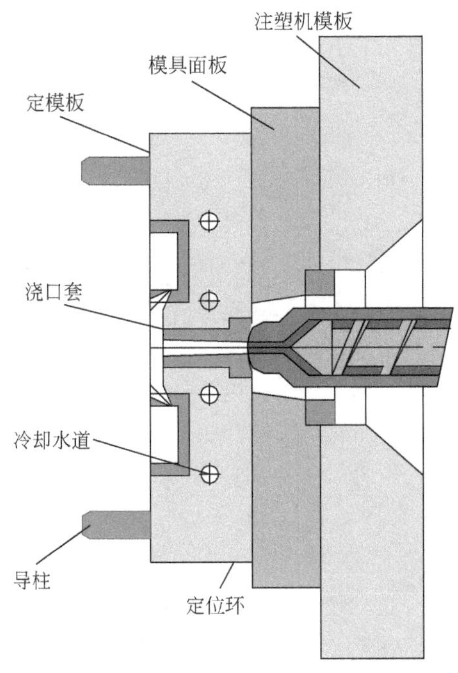

图1.4 注射侧半模

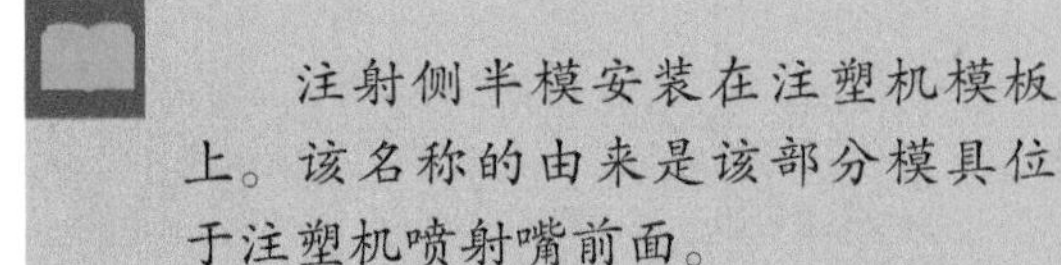

1.2.1 浇口套

注塑机喷嘴和模具真正衔接的部分是浇口套（sprue bushing）。浇口套需要与注塑机喷嘴匹配。

浇口套应根据不同的喷嘴形式（如锥形、圆弧形、平底或潜入式）来选择。严密贴合非常重要，如果注射时贴合不紧，随着注射次数的增加，越来越多的塑料会被压入喷嘴，造成原料污染，也会改变传给模具的注射压力。

潜入式浇口很适合热流道模具。这种模具浇口套必须加热。

除了潜入式喷嘴，多数喷嘴的直径要小于浇口套顶部的直径，这样就不会产生倒扣，而倒扣会让脱模变得困难。

注塑过程中，塑化料筒的喷嘴会给浇口套施加很大的作用力（浇口接触力）。因此模具的浇口套会承受很高的载荷，从而导致磨损加快，所以需要用淬火钢制作。

浇口套原理见图1.5。

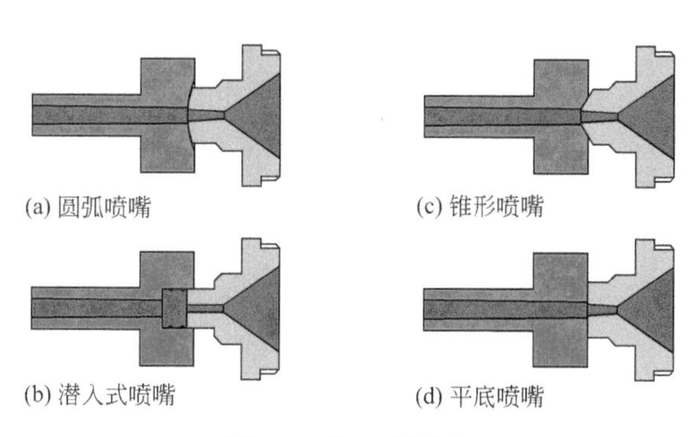

图1.5 浇口套原理

进胶残留会粘在浇口套上。这些残留物是从机台料桶中转移过来的注塑混合物。注射过程中浇口套会承受很大的作用力，因此，需要用淬火钢制作。

1.2.2 浇口降压

正确的浇口降压，特别是当使用热流道系统时，对于防止模具打开时塑料流延是至关重要的。

（1）螺杆回撤 热流道里的原材料在螺杆有意回撤过程中压力被释放，防止了模具打开时塑料的流延现象。

（2）潜式喷嘴 降压的另一种方式是使用潜式喷嘴，在注塑机没有螺杆回撤功能时使用。带喷嘴头的注塑单元在生产时回撤到热流道正好放松的位置。如果喷嘴头继续与潜式喷嘴分开，空气就会进入热流道系统。这样，注塑过程中空气就会挤压并点燃塑料（柴油机效应，diesel effect），其后果是注塑产品上出现流痕和表面缺陷。

潜式喷嘴在模具制造中的使用很普遍。因此，已作为标准件供应。通常潜式喷嘴会配过滤网，以改善塑料的均匀性并防止喷嘴被异物堵塞。

潜式喷嘴系统见图1.6。

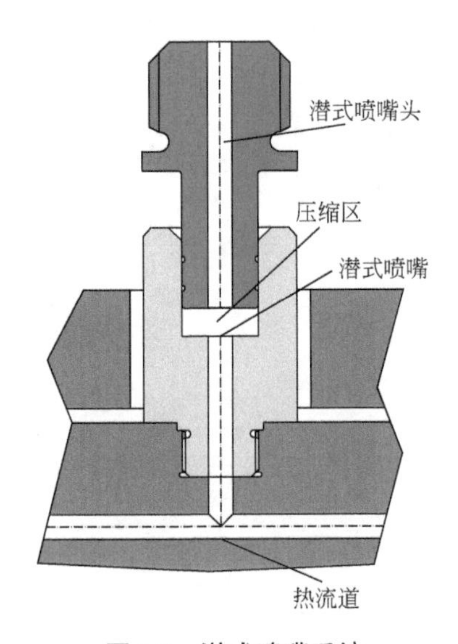

图1.6 潜式喷嘴系统

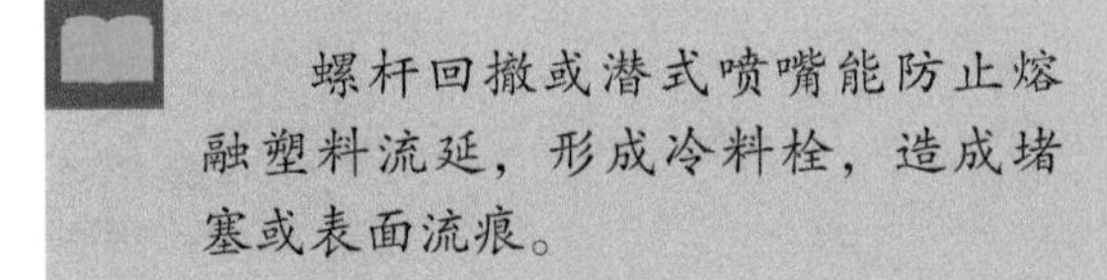

螺杆回撤或潜式喷嘴能防止熔融塑料流延，形成冷料栓，造成堵塞或表面流痕。

1.2.3 喷嘴筛

喷嘴筛（见图1.7）用于处理再循环塑料、过滤杂质和更好地混合色母粒。它可以嵌入热流道、模具或者注塑机喷嘴。

当粉碎塑料时，粉碎机中有可能会混入异物。黑色金属和有色金属易于探测，比较容易分离。然而木屑、玻璃、纸屑等未过滤到的杂质也会进入热流道或隔热道的喷孔中，从而造成堵塞。

这些异物可以用喷嘴筛加以过滤。更换被堵塞的喷嘴筛很容易。而如果热流道被污染后，则需要拆卸整套模具。

喷嘴筛也可用于混合色母粒。用喷嘴筛处理过的染色原料，色母粒混合和分布得更好，其用量也会减少。原料通过喷嘴筛后也将变得更匀质。

喷嘴筛可以安装在模具内，也可以安装在注塑机喷嘴中。

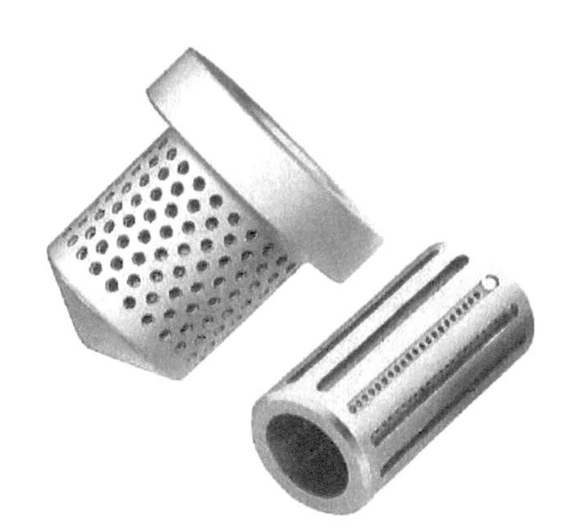

图1.7 喷嘴筛
（来源：HASCO）

喷嘴筛可防止循环用原料带来的污染进入加热流道和隔热流道中去。

1.2.4 热固性塑料模具的注射侧

加工热固性塑料的注塑模具没有冷却管道，因为它们是电加热的。

如果有分流道，它们则通常呈圆形。其热流道系统并非用电而是用水加热的。有一些模具，其型腔是直接加工在注射侧的模板上的。

装有加热板的热固性塑料模具浇注侧见图1.8。

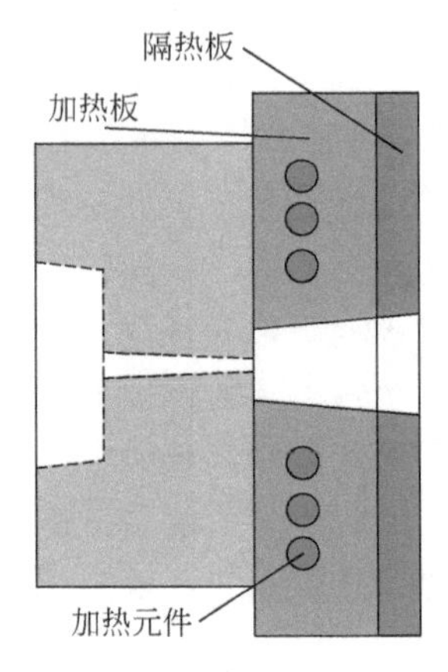

图1.8 装有加热板的热固性塑料模具浇注侧

热固性塑料模具由于内应力增大，需要更稳固的设计，因而模具都是淬硬的。

1.2.5 弹性体模具的注射侧

并非所有用于注塑加工的弹性体的流动性都很好，因而需要有不同的计量系统。高流动性塑料通过一个漏斗注入螺杆的进料区。有些弹性体供料是条块状的，另一些则是糊状的，它们通过一个料匣被压入螺杆。双色液体硅胶则由两个不同的容器通过一个混料器加入螺杆。

与弹性体模具注射侧加热板对应的是热固性塑料模具注射侧加热板（见图1.8）。

如今在弹性体注塑加工技术中，注塑加工应用最为广泛。与大多需要冷却的热塑性塑料模具不同，弹性体模具是需要加热的。

1.3 顶出侧

成型型芯、镶件以及顶出部件都安装在顶出侧（ejector side）。当模具打开时，注塑件通常留在顶出侧。根据脱模的难易程度，使用不同的顶出装置（见图1.9）。

初步检视注塑零件后，就需要决定模具的脱模方式。脱模通常有以下几种方式：

- 无倒扣的产品可以由脱模板推出，或由顶针推出脱模；
- 有倒扣的产品可用滑块或拼块脱模；
- 有内外螺纹的产品可以强行脱模、旋转型芯脱模或使用伸缩式型芯脱模。

两个半模各自都有冷却系统相连，以保证最佳的冷却效果。模具温度取决于所加工的塑料类型。

所有的注塑模具都可划分成三个基本模块以及各自的子模块，它们是脱模方式、浇口技术和冷却技术。第四个附加模块就是特殊结构设计。

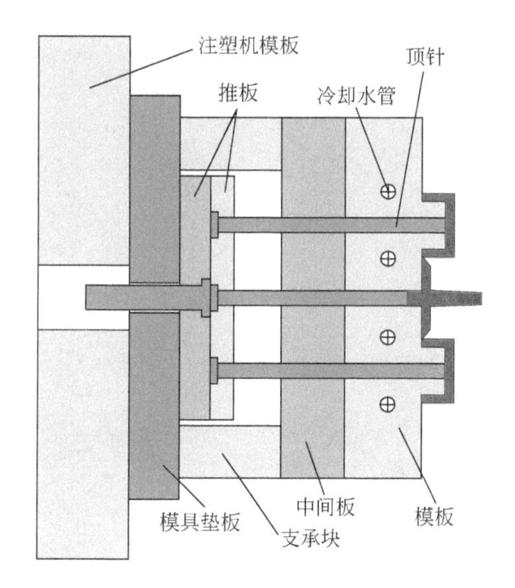

图1.9 顶出侧半模

塑料产品，即所谓的注塑件，其类型很大程度上决定了模具的设计方式。为方便区分不同的应用领域，模具可根据其脱模方式、浇口技术、冷却技术和特殊结构设计来分类。

1.3.1 顶出装置

对于不同的注塑件顶出方式，市场上都有对应的系列标准件。但是，具有特殊功能的模具，则需根据其特点，定制顶出系统。

对于标准模具，顶出侧顶出产品，无需特殊功能，而顶出机构（顶杆套件）是直接与注塑机顶杆连接的。顶出机构由注塑机机械驱动，或由模具以液压或气压方式驱动。

顶出注塑件有以下几种方式。

1.3.1.1 套装顶针

最常用的脱模方式是顶针脱模。符合DIN 1530标准的顶针价格低廉，使用便捷。安装顶针时需要注意，导柱和导套在导向行程外是无约束的，这样它们才能在各块模板温度有差异时，准确对中模板上的孔而不产生摩擦阻力，见图1.10。

1.3.1.2 推板

推板的优点在于它能将脱模力大面积地传递到整个注塑件的周边上，见图1.11。

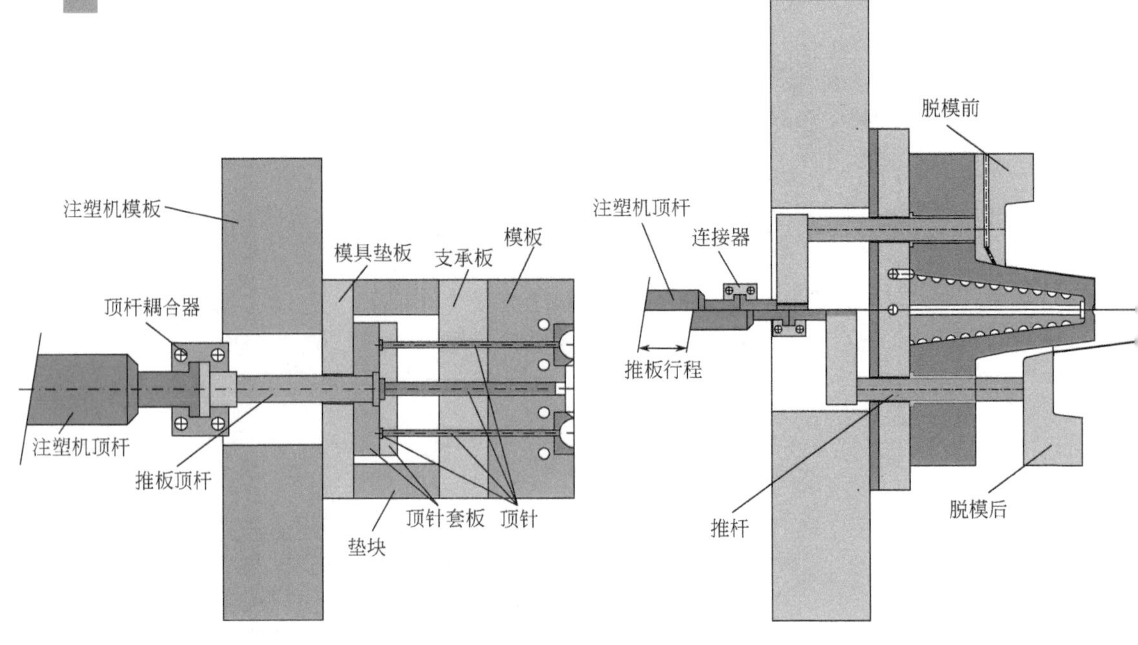

图1.10 顶针顶出

图1.11 推板顶出

1.3.1.3 蘑菇顶针

蘑菇顶针（见图1.12）经常用于薄壁包装容器的制造，如桶、杯、碗、酸奶杯。蘑菇顶针的优点是它能以较大的面积接触注塑件底部。注塑件由蘑菇顶针顶起，再由压缩空气吹离型芯。蘑菇顶针均由中心接近注塑件，其行程只有10 ～ 15mm。

单腔模具中，蘑菇顶针位于模具中心。多腔模具中，顶针则固定在顶针板上。与普通模具中顶针不同，蘑菇顶针不与注塑机的顶杆连接，而由顶针弹簧的弹力复位。

由于包装产品生产速度很快，蘑菇顶针的头部和杆身都需要增强冷却。

1.3.1.4 空气顶针

空气顶针需要在合适的位置通过喷嘴和槽连接压缩空气，并安装切换阀进行控制。压缩空气中必须清洁、不含油，以免污染注塑件。空气顶针主要用于薄壁件模具中。

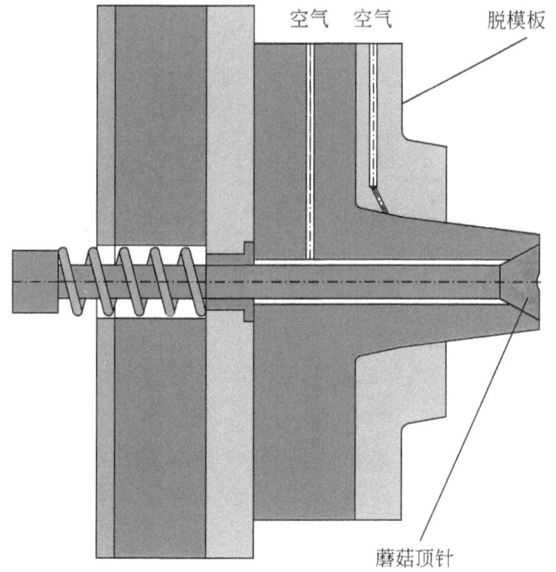

图1.12 蘑菇顶针

> 产品的几何形状和尺寸决定了顶出系统的结构。顶针、推板、蘑菇顶针或空气顶针都有可能是正确的选择。液压设备的顶杆是用来推动顶针的，其优点是时间、力度和速度都可以进行自由选择。

1.3.1.5 热固性塑料模具顶出

热固性注塑件的脱模和顶出与热塑性模具类似。

气体和水蒸气可通过顶针孔从模腔内排出。有些残渣可能会黏附在顶针孔里并造成堵塞。顶针上的凹槽可以防止这种情况发生，材料残渣会留存在凹槽里。顶针在顶针孔里往复运动时，这些凹槽除了起到清洁作用，也起到了排气作用。

尽可能选择直径较大的顶针，以保证良好的排气。这也能防止顶针发生弯曲，或刺穿注塑件。除了顶针外，热塑性模具还可选用其他顶出配件，如脱模板、顶出块和蘑菇顶针。

带加热板的注塑模具见图1.13。

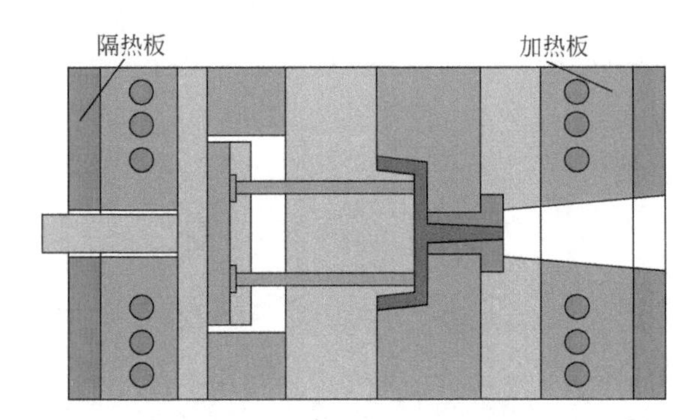

图1.13 带加热板的注塑模具

1.3.1.6 弹性体模具顶出

弹性体和硅胶都很柔软，产品顶出通常比较困难。因此，顶针截面积需要比热塑性塑料模具更大，以便产品顺利从模腔中顶出或从型芯上剥离。由于产品表面粗糙，很难实现顶出产品表面完好无损。遇到这种情况，需要在注塑件背面排气。由于材料弹性好，即使是封闭体，如果有足够的背面排气，产品也能够从型芯上滑脱。

硅胶模在顶针板区域需要封闭，以形成真空。硅胶模的成型部分通常会做轻微的放电或饰纹加工，或者进行喷砂处理，原因是硅胶零件很容易粘在抛光的表面上。

> 弹性体和硅胶模具的顶出侧和热塑性塑料模具区别很小，一般情况下无需液体温度控制，取而代之的是顶出侧加热。在模具和注塑机模板之间加有隔热板隔绝热量传递。

1.3.2 脱模斜度

注塑件脱模时，可先由压缩空气将其从模具表面分离。脱模斜度有助于快速顺利脱模。

为了便于注塑件脱模，其内外面在脱模方向都应该有倾斜角（见图1.14）。对于容器类、盒类或类似产品，0.5°～3°脱模斜度并不难实现。脱模斜度小也可以脱模，但速度较慢。

有些零件由于功能的要求不允许有脱模斜度。在这种情况下，相应区域就需要使用滑块脱模。如果不能安装滑块，表面则需要镀硬铬。硬铬表面的滑动性能比钢材表面要好很多。

除了脱模斜度不够外，产品收缩、脱模剂用量不够或品种不对、产品未完全固化以及模具不够清洁都会造成脱模不顺。

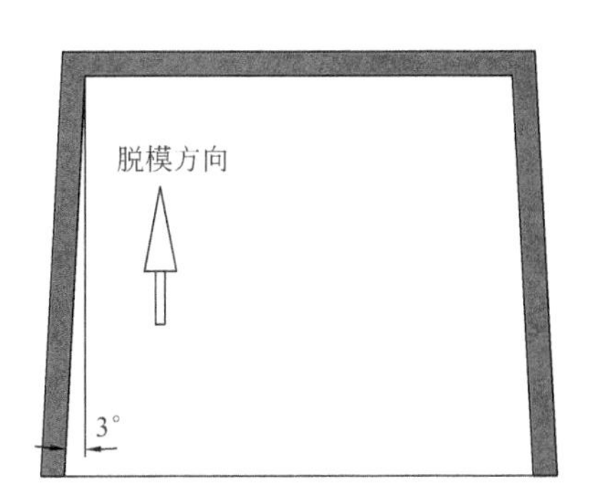

图1.14 脱模斜度

脱模斜度越大，脱模越迅速。脱模斜度不能小于0.5°。

1.3.3 推板联轴器

大多数情况下，顶杆板由推板联轴器拉回。推板联轴器确保了液压顶杆和模具的可靠连接。

推板联轴器的产品范围涵盖简单的即插即用系统以及快速压紧系统。即插即用系统的连接通常由一支螺栓或螺钉完成。而球形锁定系统则由滑套锁定。

如果模具与注塑机由快速压紧系统连接，则推板联轴器必须自动连接。该动作可由气动、电动或液压驱动。 推板联轴器通过螺纹杆与注塑机顶杆牢固连接。最常用的气动推板联轴器，其工作压力为0.6MPa。连接栓不需要气压，而是以机械方式将联轴器锁定。

推板快速连接见图1.15，顶杆套筒连接见图1.16，气动顶杆连接见图1.17。

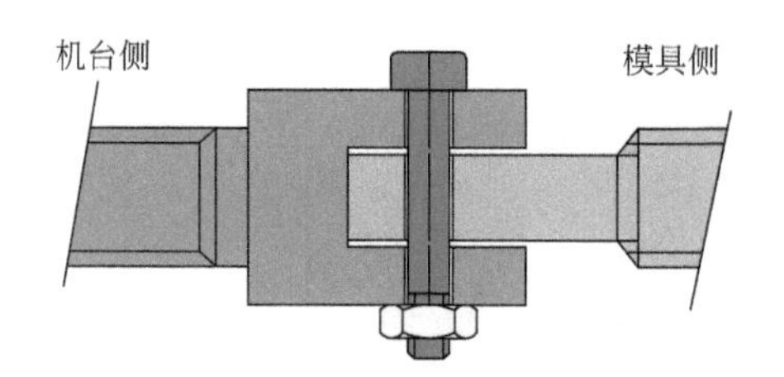

图1.15 推板快速连接（小模具）

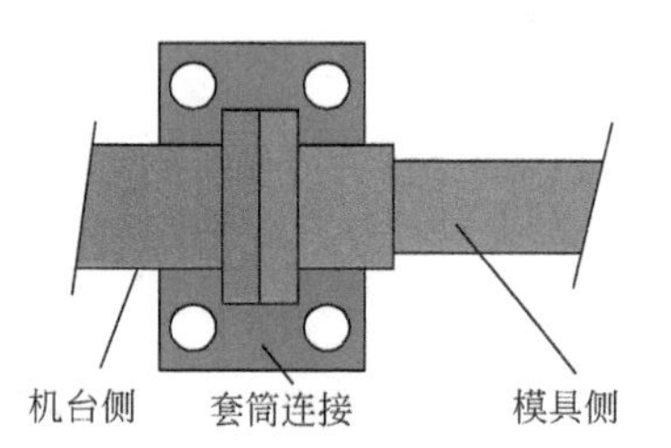

图1.16 顶杆套筒连接（大模具）

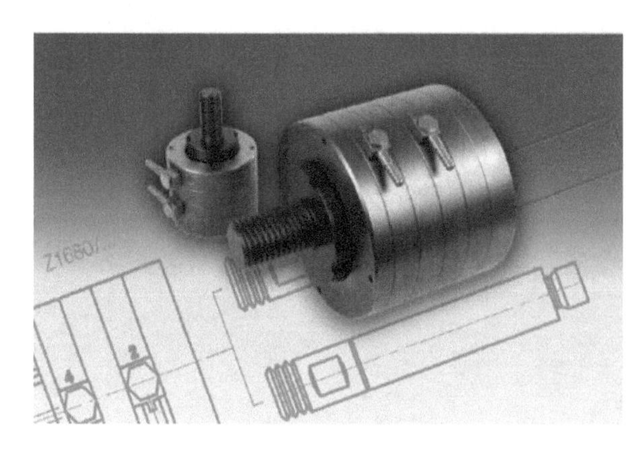

图1.17 气动顶杆连接

（来源：HASCO）

推板联轴器减少了频繁换模的装模时间。

1.4 模具的张力

当熔融塑料以注塑加工所需的压力填充模具型腔时，根据材料不同，注塑压力会达到25 ~ 200MPa，所产生的张力（buoyancy forces）会作用于注塑件的投影面积上。

当张力大于锁模力时，塑料会被挤压到分型面上，这被称为胀模，注塑件上会产生毛边。如果发生这种情况，就说明注塑机的锁模力太小了。注塑机的锁模力至少应该大于模具张力的10%。

具体的注塑压力取决于流长和壁厚的比例以及材料的某些参数值，如黏度和填充料（玻璃纤维、滑石粉、色母粒等）。

至于流长，是从进胶口算起，包括分支流道，塑料流动到产品最末端的路径长度。而壁厚则是产品大多数壁厚的数值。例如，流长120mm而壁厚为0.8mm时的比值是150∶1。

型腔压力和壁厚的关系如图1.18所示，当型腔压力（P_{WI}）约为450kN/cm²时，假设注塑件的投影面积（A）为200cm²，则所需的锁模力为900kN，加上10%的余量，注塑机所需的锁模力应为1000kN。该计算方法适用于所有注塑机。

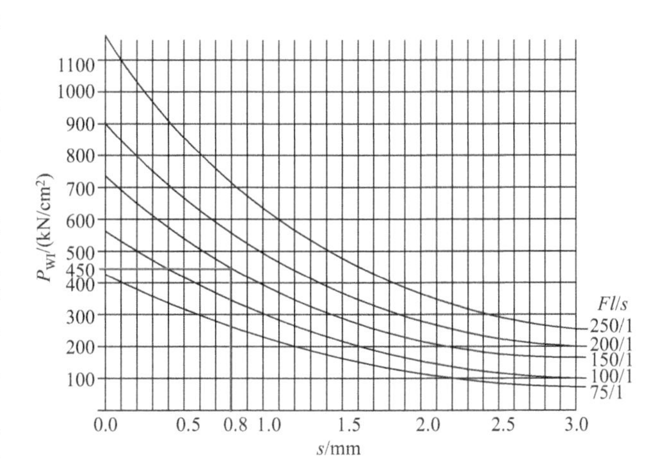

图1.18 型腔压力和壁厚的关系

P_{WI}—型腔压力；Fl/s—流长壁厚比；s—壁厚

模具内的张力（F_A，kN）是模具型腔压力（P_{WI}，kN/cm²）和注塑件在分型面上投影面积（A，cm²）的乘积。如果张力太大，注塑件就会胀模。为确保模具不被张力撑开，锁模力必须比张力大。

$$F_A = \frac{P_{WI}A}{100}$$

1.5 模具的安全保护

为防止生产中产品粘在模具上，所有注塑机都装有安全保护装置，合模时在一个可调节的距离上，降低合模压力和速度。

该过程起到保护模具的作用。但一旦发生异常，开模时间会增加1～2s。所以，模具锁定装置更有优势，如果有产品粘在模具里，模具就无法关闭。

1.5.1 光障器/故障标

对于单腔模具，可用一个与注塑机联动的光障器（或称故障标）来探测产品是否掉落。

1.5.2 红外线保护

对于多腔模具，可用红外线保护光束（见图1.19）。光线发射器和接收器装在模具上，这样探测光线即可从定模型芯上方穿过，到达接收器。每当故障发生，即产品留在定模型芯上时，探测光束被阻断，注塑机便停止生产并触发报警信号。根据型腔数的不同，一套模具可能需要多束红外光线。

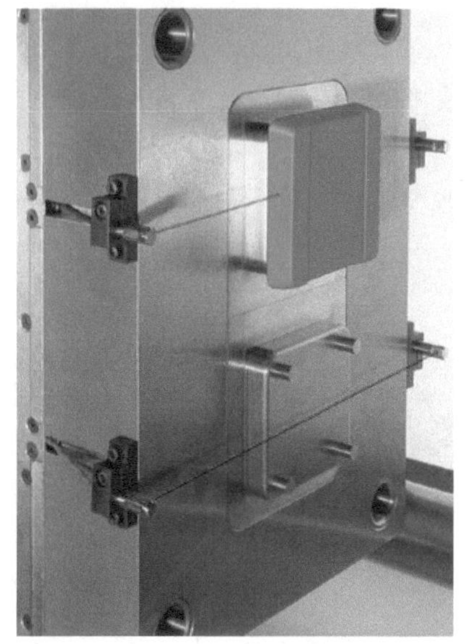

图1.19 红外线模具保护装置

（来源：HASCO）

模具保护装置能够在产品未成功脱模或粘在型腔或分型面上时，保护模具不受损坏。

1.5.3 视觉监控系统

视觉监控系统（见图1.20）能够实时监测到产品是否正常顶出，或者浇口是否粘连在模具上。该系统无法代替顶出动作，但可完成多种监视任务和控制功能。控制选项有：

- 监测注塑件产品的表面缺陷，诸如银纹、烧焦以及填充不足等；
- 尺寸精度检查；
- 评判取出装置是否到位和抓手是否已安全抓住产品。

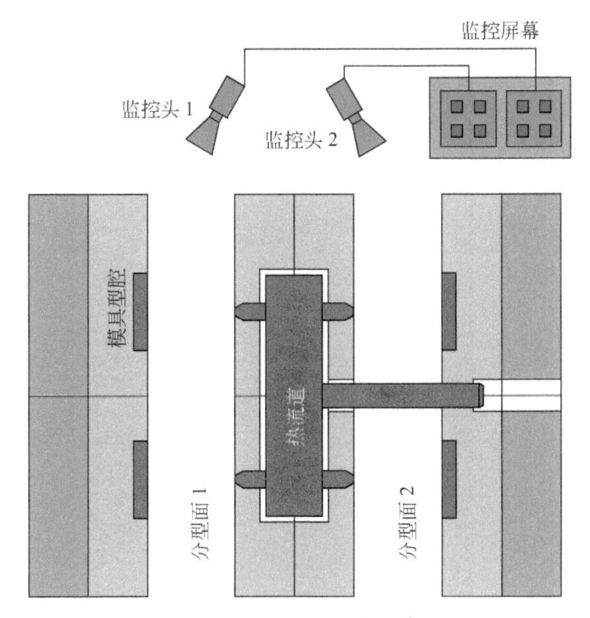

图1.20 视觉监控系统

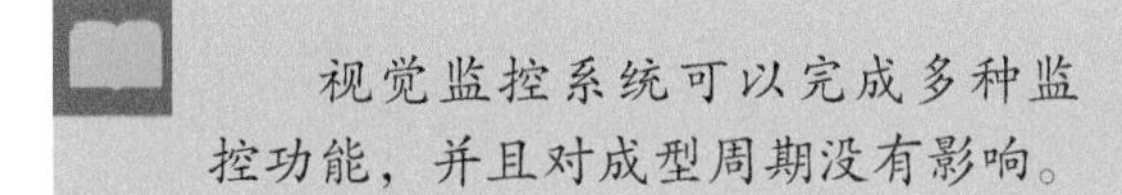

1.6 模具型腔压力/模具填充控制

型腔填充过程中，有三个不同的压力变化阶段：动态阶段、准静态阶段和静态阶段（见图1.21）。

在动态阶段，模具型腔首先按体积填充。填充压力在填充后期会停止增长。该点的压力通常取决于注塑件和原材料特性。

之后，填充进入准静态阶段，保压（压力恒定）开始，熔融塑料受到挤压而进行补缩。该阶段一直持续到浇口封闭。浇口封闭表示浇口塑料固化，再也无法填入更多的料了。浇口封闭后，压力减小，产品开始收缩。

60% ～ 70%的注塑缺陷都可以通过注塑件称重得到验证。先进的注塑机可以监控注塑过程。有两个方法可以检测模具里的压力。通过直接测量法，可以得到型腔压力值。而利用间接测量法，压力值可通过模具部件，通常是顶针传送到压力传感器上。传感器一般装在顶针底部。

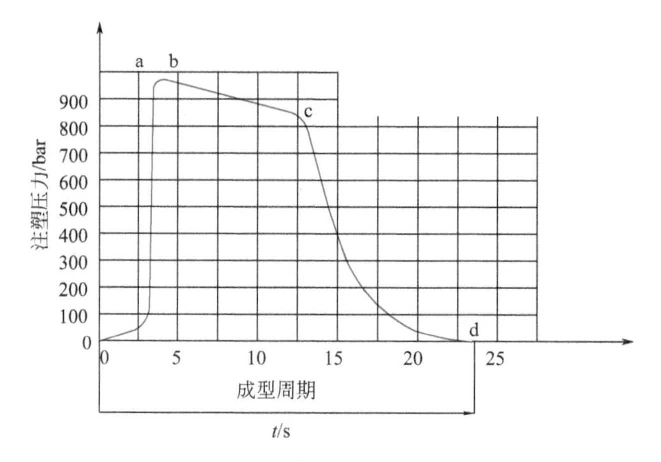

图1.21 模具型腔压力曲线

a—模具填充完成；b—注塑保压切换点；c—浇口封闭点；d—收缩开始点

模具型腔压力取决于熔融塑料的黏性和凝固特性、注塑件的几何形状、型腔布局，以及模具状况等因素。有两种方法可以测量模具内压力：直接测量法和利用传感器的间接测量法。

1.7 填充过程模拟（模流分析）

观察完整的模具填充过程可以在电脑屏幕上用模拟软件实现。通用的模流分析软件能以高精度预测注塑过程，避免模具设计失误。

模流分析能计算出注塑件的材料流动状况。它能显示出材料流动中的问题区域所在。关键是剪切热的形成过程、原材料的滞留和冻结、气孔的形成。分析还能指出需要散热的位置，或者需要控制模温的位置，从而使材料的流动得到优化。

用CAD系统进行设计时，模流分析可以和模具设计并行。产品壁厚变化和进胶口位置变化产生的效果立即就能得到分析并在屏幕上显示出来。通过不断地变换参数，就能得到流动特性优化了的注塑件。

三点进胶模流分析见图1.22。

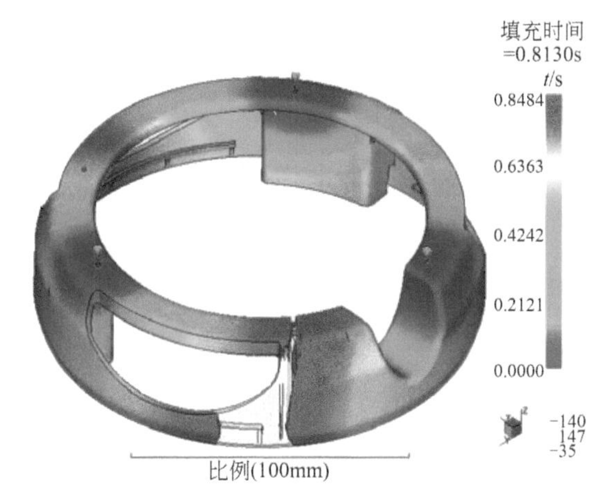

图1.22　三点进胶的模流分析

（来源：FOBOHA）

模流分析可以在注塑件研发早期发现问题并生产出优质模具。

1.8 脱模力

注塑件脱模时，有两种力存在：开模力和脱模力。

脱模力

脱模力（见图1.23）是注塑件脱模所需要的力，这种力由分离力和延展力组成。分离时，必须克服由机加工留痕造成的细小倒扣、饰纹以及静摩擦力。

而造成延展力较大的原因通常是由于脱模斜度太小，脱模斜度应为0.5° ～ 3°。

型腔的刚度也应该有所考量，否则，型腔可能在注塑阶段发生膨胀。在模具冷却阶段，一旦保压减小，型芯和型腔都将恢复到初始位置，注塑件就会被夹住，而只有拆开模具才能将其“脱开”。

开模力

开模力是开模时，由于模内压力不能完全消除，存在残余压力而产生的。注塑机的开模力大约是锁模力的10%，而顶出力则是锁模力的3% ～ 5%。

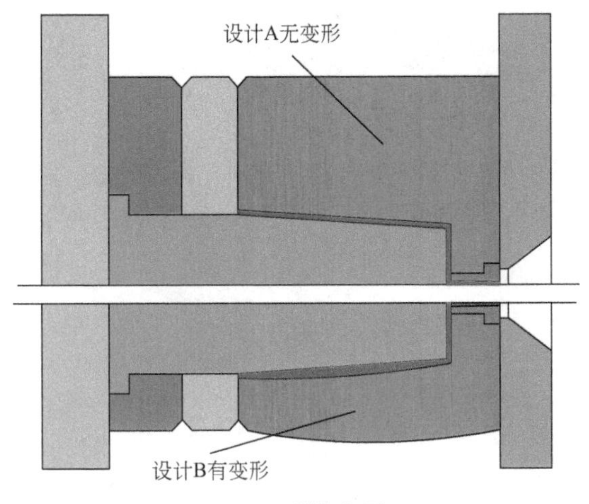

图1.23 脱模力原理

对脱模力最大的影响是注塑时的压力形态、过长或过短的冷却时间，以及模具的变形。

1.9 排气

1.9.1 移出式排气法

注塑生产时，模腔中的空气需要排出。如果空气排不出，将产生背压，使填充过程复杂化。

特别是高速注射薄壁产品时，注塑过程中会发生空气滞留，阻碍注塑件的继续填充。这会导致塑料温度大幅升高。

通过分割模具零件、配置型腔镶件，滑块和型芯可以产生部分排气通道，但对于热固性产品，这通常不够。因此，型芯外围的分型面应该降低0.1mm，而型芯周边应保留宽10～12mm的边缘。热固性注塑模具的排气槽应该增大约15%。

另一种选择是在型芯周围开设一条深度0.2mm，宽度5～6mm的排气槽。而模芯上的排气槽则应深0.01～0.02mm。这些排气槽都应与模具外缘连接。

如果模具填充时间变长，产品发生缺陷或在熔接处产生焦痕，则显而易见是排气效率下降的结果。这时，排气槽应该被堵塞了，需要清除。良好的排气也能使型腔表面的细节特征更好地反映到注塑件上。

移出式排气法原理见图1.24。

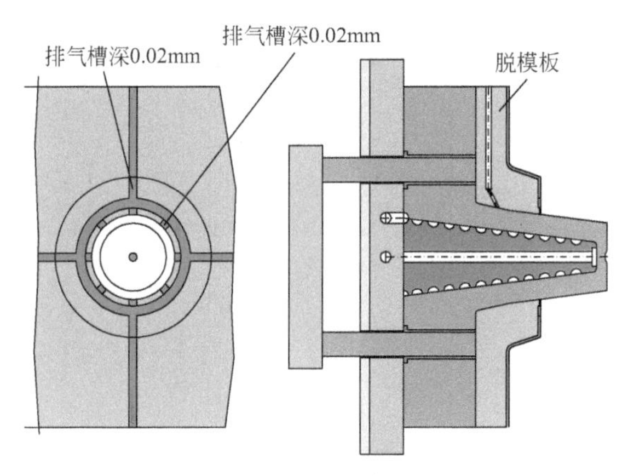

图1.24 移出式排气法原理

要在一秒钟内填充一重量约为500g的注塑件意味着要排出约500mL的空气。在这样的压缩过程中，空气会变热而烧焦产品。

1.9.2 抽真空排气法

模具内抽真空时，必须用O形圈密封。特别是局部超薄的弹性体注塑和热固性注塑加工中，更加有必要抽真空。

模具抽真空排气法（图1.25）其实是由开发低黏度塑料引发的。抽真空排气法尤其适合生产硅胶和弹性体模具。硅胶的黏性很低，哪怕0.01mm深的排气槽都会引起溢料。因此，有必要把空气抽出模具。

要将空气从分型面抽出，模具就需要密封，防止空气进入。密封通常用O形圈或方形圈完成。此外，顶针箱和顶杆处也需要密封，这样才能保证真空的形成。

对于小型模具，通常使用一台持续工作的真空泵。一旦分型面两侧的密封部件被夹紧，就形成了真空。对于大型模具，空气泵由一个行程开关开启。一旦真空形成，注塑机便开始注塑。

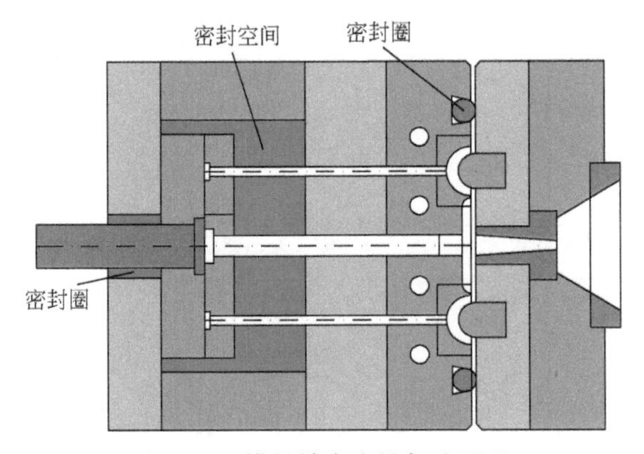

图1.25 模具抽真空排气法原理

是否使用抽真空排气法取决于注塑件的质量要求。液体硅胶注塑和热固性注塑推荐使用抽真空排气法。此方法的另一优势是填充会更加迅速。

1.10 支承块、支承板和支承柱

支承块和支承柱有平衡模具张力的作用，并能抵抗模板的翘曲变形。

模具的张力通常要与合模力平衡，这会引起由于模板支撑不足而产生的变形，从而导致注塑件溢料。对于大型模具而言，也可能造成模芯开裂。当张力作用于模具中心位置时，变形的风险尤其高。

支承柱或支承块可支撑起模具中间的区域。如支承板为调质钢时，支承柱可直接顶在底板上。如果不是调质钢，通常建议在需支撑区域加一块淬硬的垫板。在持续生产中，使用支承柱有一定风险，因为载荷的变化可能导致其失效。

用于生产水桶或薄壁包装产品的注塑机经常装有强化锁模板或一较小的中心扩孔，用于平衡变形。所有作用于型芯和型腔的力均被传递到支承板上去了。

支承柱原理见图1.26。

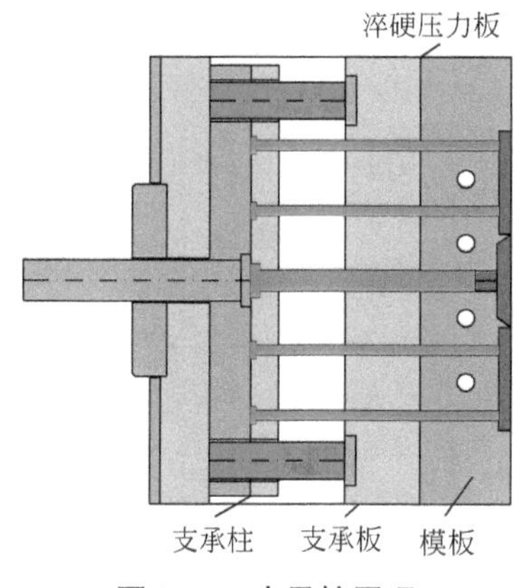

图1.26 支承柱原理

支承柱和支承板在模具中心起着支撑模板的作用，避免因模板变形而造成的注塑件飞边。

1.11 模具面板和定位环

1.11.1 模具面板

模具面板（见图1.27）是用来夹紧和固定模具的。多数情况下，在模具面板的侧面有搭边。25mm的搭边可用来翻转打开的模具。为了增加空间，有时也将平衡柱用螺钉固定在面板上，用来代替模具面板上的搭边部分。

如果模具未装隔热板，建议在模板上先刷上油脂，然后在油脂上贴一层油纸，再刷一层油脂。这样能够防止模具和注塑机模板之间产生锈迹。

1.11.2 定位环

如果模具无法准确对中，注塑机喷嘴就会偏向一侧，模具的浇口套与注塑机喷嘴便无法对正，注塑过程中熔融塑料便会发生侧漏。合理的做法是以定模侧中心定位，将动模侧定位环直径减小0.01mm。这样，装夹模具时，动模侧的定位环就只起辅助作用。

为方便装夹模具，定位环最好有导向倒角。

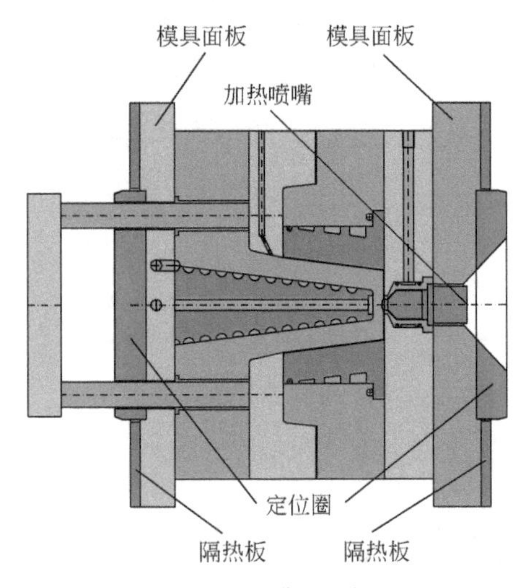

图1.27 模具面板

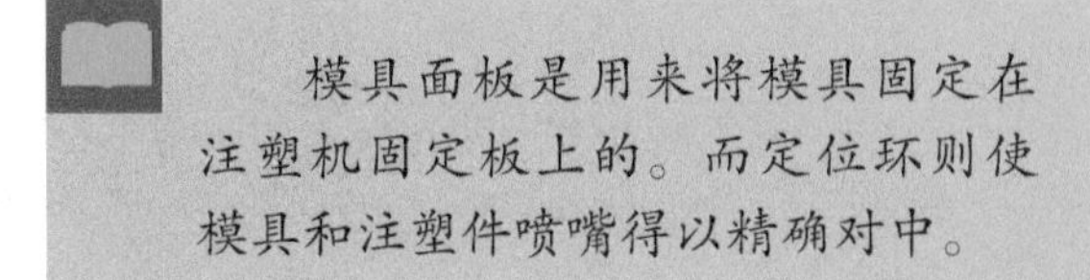

1.12 液压抽芯装置

抽芯装置（阀）是注塑机配置的一部分。它们用来控制模具部件的动作。

抽芯装置用来驱动液压油缸的运动，进而驱动滑块或拼块的动作。它们也可用来驱动液压马达，再转动旋转台或齿轮，最后转动螺纹型芯。

对于模具部件的运动，液压和气压驱动是有区别的。因为空气是可压缩的，所以气压缸的运动时常有窜动。因此，液压油经常用作驱动介质。

模具设计中，首先要描述机构动作顺序以及定义抽芯装置的功能，之后由注塑机编程控制。重要的是由行程开关来监控滑块或拼块在模具中的最终位置。

液压抽芯原理见图1.28。

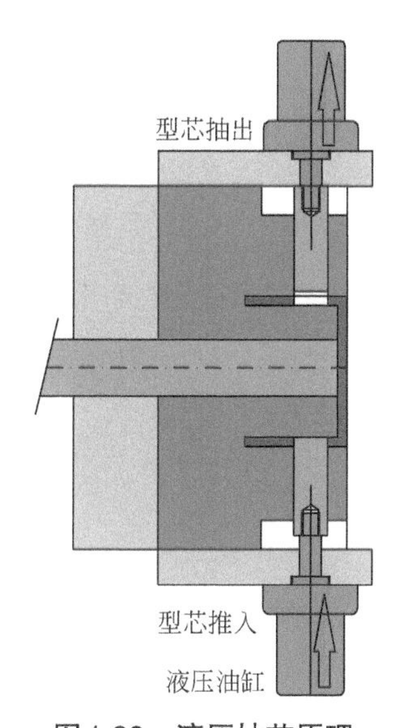

图1.28 液压抽芯原理

抽芯装置的工作是控制液压油缸，进而驱动滑块、拼块和液压马达或齿轮。

1.13 弹性体加工的模具结构

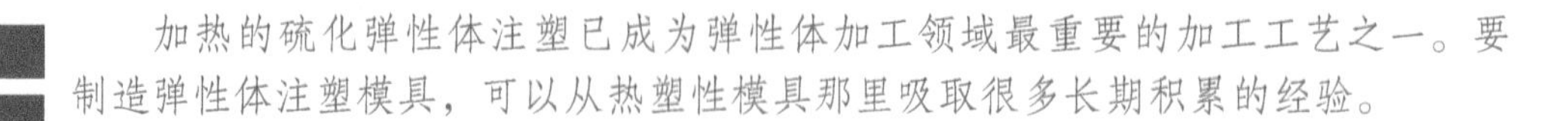

弹性体模具的进胶口和流道系统与热塑性塑料模具相同。但是，流道和浇口的截面积应选择比热塑性模具稍小的。原因是狭窄的横截面会导致剪切热的增加。这种热量可以更快地加热塑料流体，从而使流动更顺畅并且横向连接更快。

模温的状况却有所不同。根据不同的弹性体，模温应在170～200℃。模具一般由电加热。如果模具时常更换，可使用留在注塑机上的加热板。这样就避免了加热每套模具。

弹性体注塑件通常很容易变形，所以仅靠顶针脱模不够，通常会用手工、机械手、刷落系统或用压缩空气吹落。

参考文献

Stitz, S., Keller, W., *Spritzgießtechnik, Verarbeitung, Maschine, Peripherie*, (2004) Hanser Publishers, Munich.

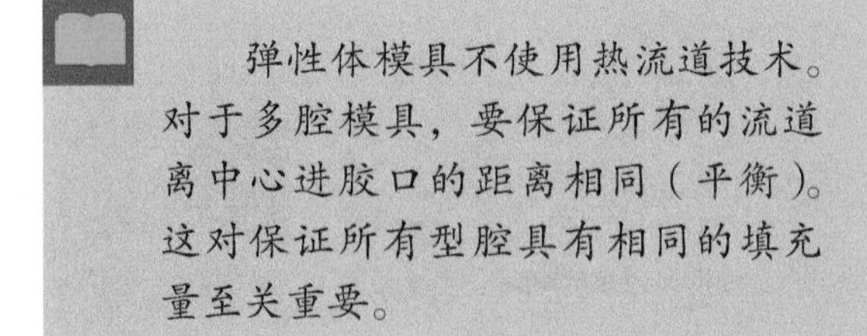

第2章 两板模的脱模类型

2.1 无倒扣的注塑件

无倒扣的注塑件就是零件没有任何阻碍，可以在脱模时很容易地被顶出。

在塑料加工领域里，有许多产品应用都属于“无倒扣产品”的范畴。无倒扣脱模几乎适用于三板模以外的所有模具。无倒扣零件的模具属于相对简单的“开合”模具，不需要额外的移动部件。

为了简单安全地脱离，进胶口需要做成锥状的，设计锥度以3°为宜。

典型的应用包括不需要增加分型面或侧向运动就可分离和顶出的注塑件。这类产品包括杯子、盖子、罩壳、门把手和衣架。

无倒扣脱模相关产品及原理分别见图2.1和图2.2。

图2.1 无倒扣脱模产品

（来源：Ferromatik Milacron）

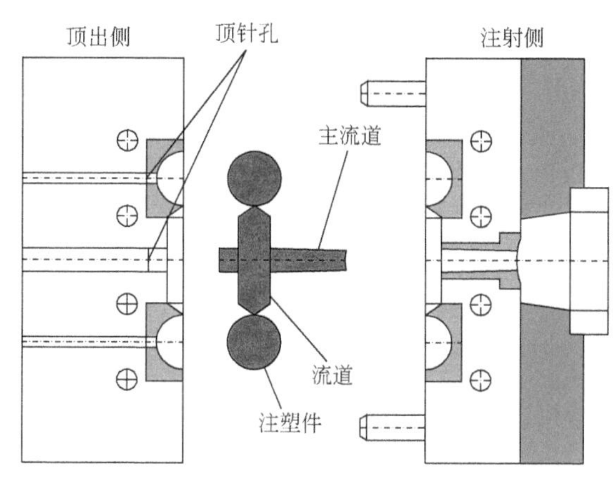

图2.2 无倒扣的脱模原理

这类模具的特征是注塑件和浇口可从同一分型面上被顶出。

2.2 带倒扣的注塑件

2.2.1 弹性脱料

一个注塑件的内壁或外壁向外凸出或向内凹陷的几何形状变化叫做倒扣（原理见图2.3）。有内部倒扣的产品基本上都很难脱模。

弹性脱模的定义是指注塑件在开模时不需要滑块动作的简单脱模。为了实现弹性脱模，原材料必须坚韧且富有弹性。理想的原材料有聚丙烯（PP）、聚乙烯（PE）、软质聚氯乙烯（PVC）或弹性体。

脱模通常由所谓的脱模板完成，也可使用顶针、司筒或空气顶针。注塑件通常不需要其他顶出部件。

应用范围

最多的应用是带螺纹瓶盖的制造。也有很多医疗和包装领域里的应用。

已脱模的带倒扣产品见图2.4。

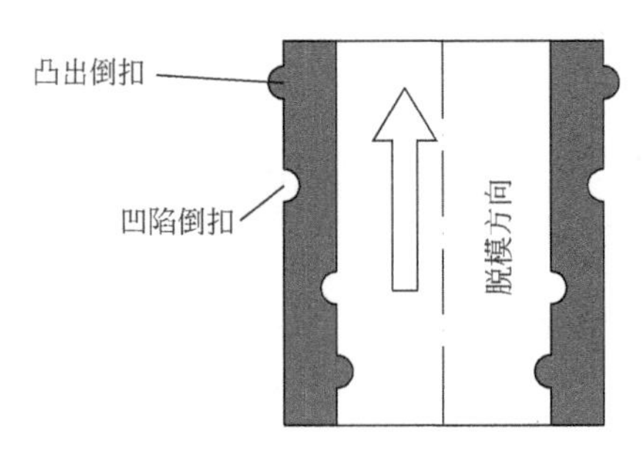

图2.3 倒扣原理

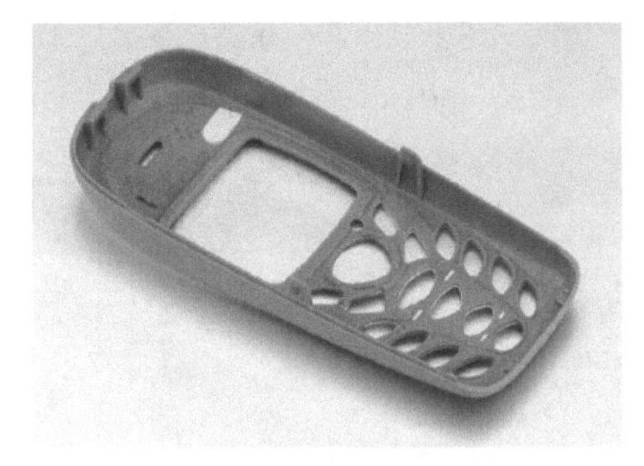

图2.4 已脱模的带倒扣产品

（来源：FOBOHA）

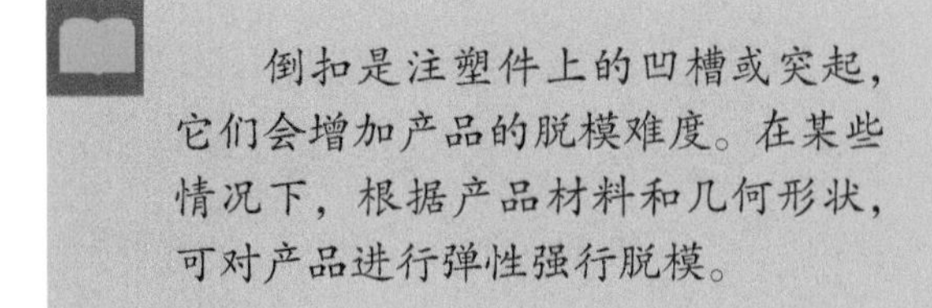

倒扣是注塑件上的凹槽或突起，它们会增加产品的脱模难度。在某些情况下，根据产品材料和几何形状，可对产品进行弹性强行脱模。

2.2.2 滑块脱模

倒扣是注塑件上凹陷或凸起部位，它会增加脱模难度，极端情况下甚至不能脱模。此时需要用滑块来增加辅助分型面，以脱开在脱模方向上有倒扣部分的产品。可由滑块脱模的倒扣见图2.5。

冷流道滑块模具

安装在定模侧或动模侧的滑块可以垂直于开模方向移动。当模具打开时，滑块沿与模具轴线成90° 的方向滑向一侧。两个方向的最大角度偏差不能超过7°，否则滑块就会自锁。

滑块的运动是由一根斜导柱或控制杆机械式完成的，也称为正向控制。

滑块的运动由机械结构、弹簧、气压缸或液压缸在开模之前、后或开模过程中完成。在决定滑块尺寸时，需要考虑模具张力（见第1.4节）。

滑块应用的典型产品包括电源板、绕线框、线夹、销钉和外螺纹零件。

滑块脱模的注塑件见图2.6。

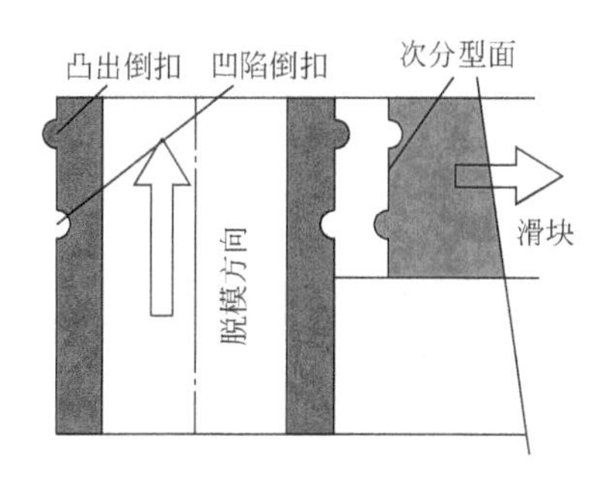

图2.5 可用滑块脱模的倒扣

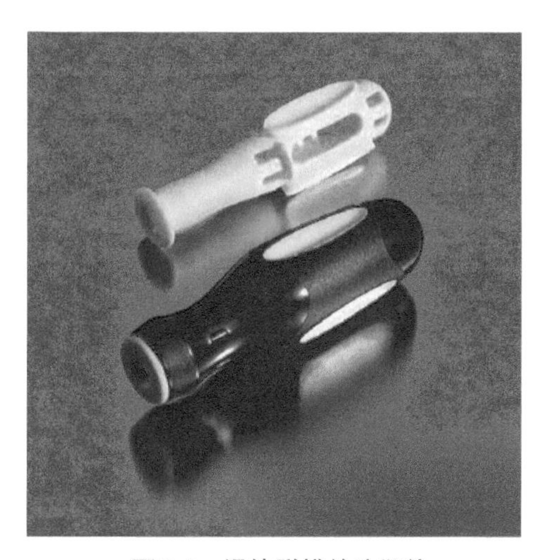

图2.6 滑块脱模的注塑件

（来源：Ferromatik Milacron）

在有滑块的模具中，滑块在开模时沿与模具轴向垂直方向滑出。接着，注塑件被释放并脱出。

2.2.3 拼块脱模

在拼块模具里，两个或更多的拼块完全包裹着注塑件，而在滑块模具里，只有注塑件的部分区域会被脱开。

在滑块模具中，模腔通常是单个零件。而在拼块模具里，模具型腔由数个拼块组成。拼块可以对角嵌入定模一侧，在开模时沿对角滑槽向外滑动。这样，注塑件得以脱模。

同样，拼块也可以像滑块一样由顶出侧导向。它们多数在开模时或开模后由液压油缸、机械式弹簧或气压驱动而产生滑动。

任何尺寸的拼块都需要和模具的冷却水路相结合。

拼块模具可以综合所有已知的流道系统和浇口变化。其进胶口和注塑件位于同一分型面上，需要注塑后分离。

拼块模具的一个典型应用是装瓶框和汽车电池箱。

分离式模具原理见图2.7，由拼块脱模的注塑件见图2.8。

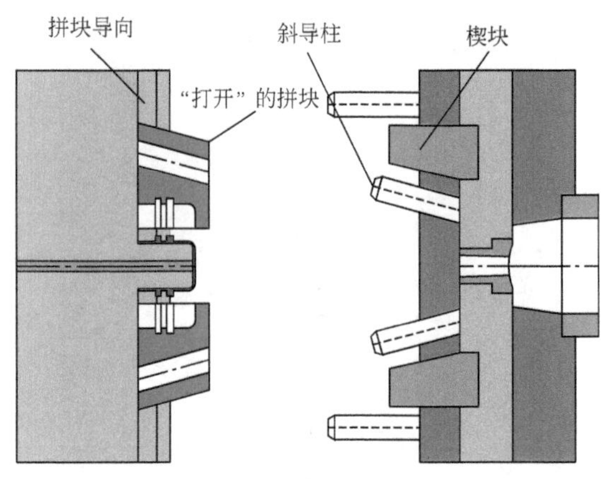

图2.7 分离式模具原理

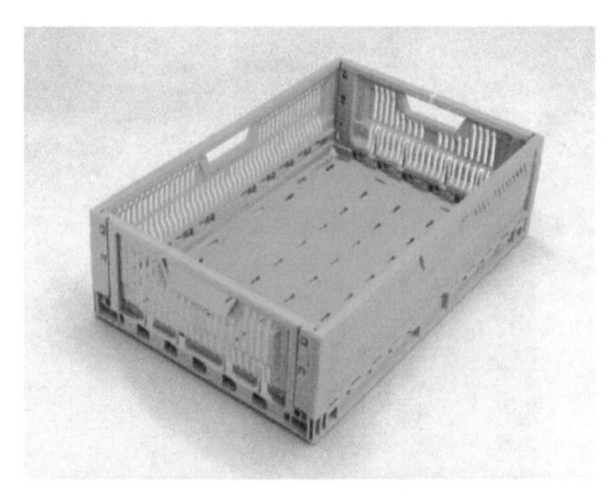

图2.8 由拼块脱模的注塑件

（来源：Ferromatik Milacron）

机台开动时，模具拼块可由斜导柱打开，注塑件便可脱模了。

2.2.4 伸缩式型芯脱模

除了螺纹外，还有其他一些有倒扣的产品脱模，可以采用伸缩式型芯（见图2.9）。这些产品包括瓶盖上的防伪圈、拉环等类似结构的产品。

使用伸缩式型芯时，需要保证螺纹深度和直径的相关性。螺纹直径为28mm时的深度应为0.8～1.0mm。因此，直径28mm而深度为3mm的螺纹是无法用伸缩式型芯生产的，但可用旋转型芯生产。

这种螺纹深度和直径的相互关系是这样形成的：中央型芯抽出后，周围的拼块只能向内收缩到它们互锁的位置。

主要应用于注塑件上的螺纹或类螺纹倒扣只起较小作用的产品，如可重复闭合的容器盖。

图2.9 伸缩式型芯

总的来说，直径为15～500mm，有倒扣或类倒扣的注塑件可以用伸缩式型芯生产。是否使用伸缩式型芯和原材料种类无关。

2.3 具有内外螺纹的注塑件

就脱模方向而言，内外螺纹都属于倒扣。这类产品需旋转螺纹型芯（内螺纹）或旋转型腔（外螺纹）脱模。

2.3.1 内螺纹

内螺纹在有螺纹轮廓的型芯上成型，注塑时型芯会被产品包裹，而注塑件的外表面却是光滑的。

如果内螺纹无法塑性强脱，则脱模可以通过旋松螺纹型芯或依靠伸缩式型芯实现。

内螺纹注塑件见图2.10。

图2.10 内螺纹注塑件

（来源：Ferromatik Milacron）

2.3.2 外螺纹

外螺纹通常是用拼块完成的。分型面可能看不到，而整个型芯是旋转的。

无论是需要旋转型芯还是型腔，在动模侧或定模侧都需要安装齿轮。齿轮可由伺服马达、齿条驱动，或由一个丝杠带动的螺旋轴驱动。

无论是外螺纹或内螺纹，注塑件都由其周围的沟槽或特制的止转凸起固定着。在后一种情况下，止转凸起的痕迹可在产品内部看到。如果在最终产品上不希望看到这样的痕迹，就需要在模具关闭时完成旋转抽芯。

2.3.3 脱螺纹机构

为了能使螺纹型芯顺利脱模，注塑件需要止转。根据产品形状的不同，可有多种脱螺纹的方式。

（1）合模状态脱螺纹

螺纹型芯由引导螺纹控制并后撤。注意引导螺纹的螺纹倾角与旋出螺纹的倾角需一致。止转需要依靠产品定模一侧的几何外形结构本身。螺纹脱出后，设备顶出机构前行，产品便由卸料板顶出。合模时的脱螺纹原理见图2.11。

优点：注塑件的最后一道螺纹不会损坏。

缺点：螺纹型芯需从注射位置旋转后撤，会延长成型周期。

（2）卸料板脱螺纹

卸料板装在定模一侧，旋转型芯不后撤。机台打开并与螺距等高，这时卸料板被弹簧力压在定模板上。然后顶出系统前行，产品由卸料板顶出。卸料板脱螺纹原理见图2.12。

优点：不需要设计昂贵的螺纹型芯和丝杠，旋回螺纹型芯也不会损失时间。

缺点：锁模力会因弹簧的抗力有所损失。

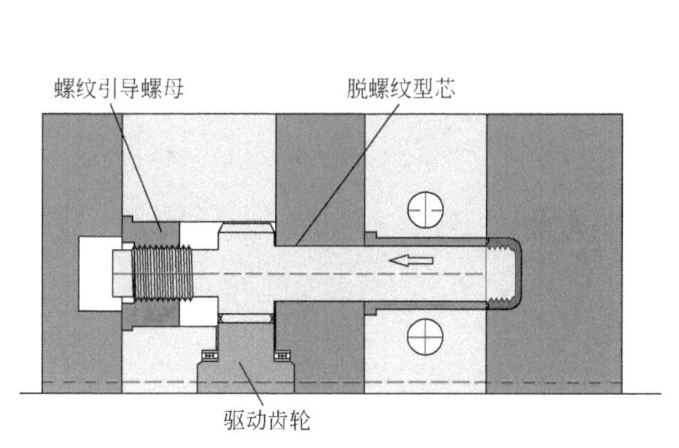

图2.11 合模时的脱螺纹原理

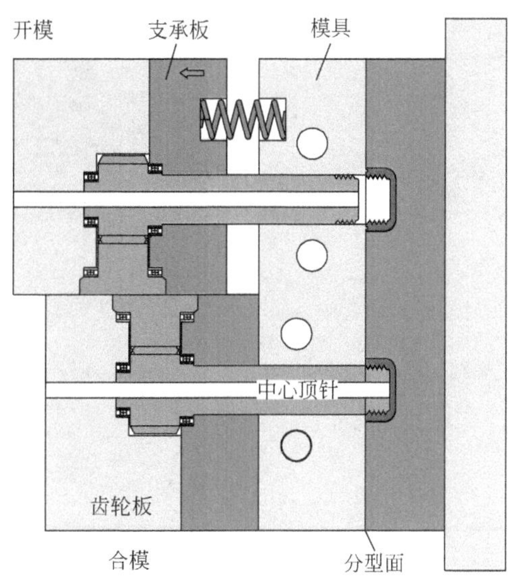

图2.12 卸料板脱螺纹原理

（3）上升运动中脱螺纹

此时，注塑件贴紧卸料板，需要特制的止转块止转。这种情形下，螺纹型芯需要后退。这里不再需要压紧弹簧，而是旋转型芯由引导螺纹引导退回，使产品脱离。

优点：产品的螺纹质量很好。

缺点：制造螺纹型芯和丝杠费用昂贵。

（4）弹簧驱动推板脱螺纹

型芯不回撤，而由支承板上的弹簧压紧。此时注塑件上刚成型的螺纹起了丝杠的作用，从而承受很大载荷。于是当螺纹产品离开型芯时，最后一道螺纹有损坏的危险。弹簧卸料板脱螺纹原理见图2.13。

优点：制造成本低。

缺点：螺纹质量较差。

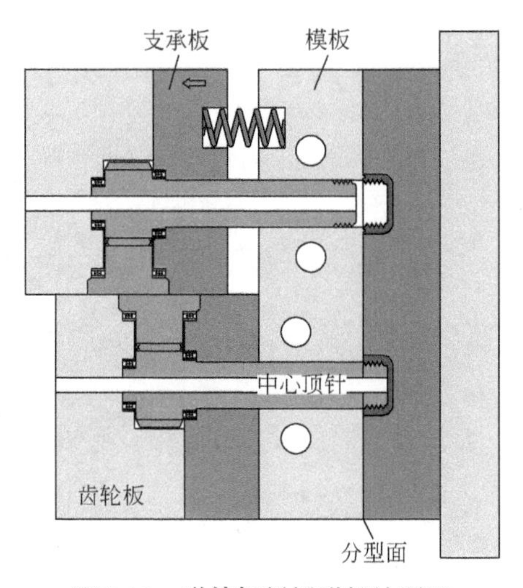

图2.13 弹簧卸料板脱螺纹原理

对于脱螺纹模具，注塑件依靠旋转型芯（内螺纹）或旋转型腔，又称模腔（外螺纹）脱模。

2.4 螺纹件的强脱

螺纹塑件的强行脱模是由脱模板来完成的。前提是一方面塑料需有韧性，另一方面注塑件有圆形螺纹。

强脱的典型应用是饮料行业的螺纹瓶盖脱模。全世界每年数十亿的瓶盖需求中，约80%是强脱的，其余的是用旋转脱螺纹或伸缩式型芯脱模的。

伸缩式型芯的优势是能让注塑的防伪带或拉环轻松脱模。

利用卸料板强脱倒扣时，要确保注塑件确实脱离模具。这样，注塑件才能克服倒扣而不变形。只有当注塑件外径不再受限制，才有可能脱模。

制造每天24h，每年至少300天无故障生产的模具，需要多年积累的强脱模具经验。

由于此类模具对产出要求很高，故使用的都是高速注塑设备。

为保证安全脱模，螺纹深度不能超过直径的8%～10%。塑料材料要有弹性和韧性。PE和PP最为合适。

强脱带螺纹产品见图2.14。

图2.14 强脱带螺纹产品

（来源：FOBOHA）

强行脱模时，具有弹性且坚韧的产品由连接机台顶杆的顶针板推出。顶针板和机台这样的连接能传递振动效果，以保证所有产品都能脱落。

2.5 脱螺纹齿轮

当模具中需要脱螺纹机构时，就要安装齿轮或类齿轮。例如脱螺纹模具和有内部旋转驱动的双色模具。

在脱螺纹模具里，首先需要设计和模具结合在一起的齿轮。用什么样的齿轮，取决于以下信息：

- 螺线长度（旋转的圈数）；
- 螺纹升角和型芯需要旋转的圈数；
- 产品的直径；
- 原材料（决定所需的脱螺纹力大小）；
- 型腔数（取决于参考圆大小）；
- 成型周期（旋转速度）；
- 产品按行排列或围绕中心齿轮排列。

有了这些信息便可以设计计算齿轮参数了，也就在此时应该决定齿轮的驱动方式。

如果产品按行排列，螺线较短，可以通过液压缸来回驱动齿条脱模。齿条的长度限制了旋转圈数。

如果螺纹型芯围绕着中心齿轮，而且螺线较短，开模时可用一根螺杆驱动中心齿轮脱模。

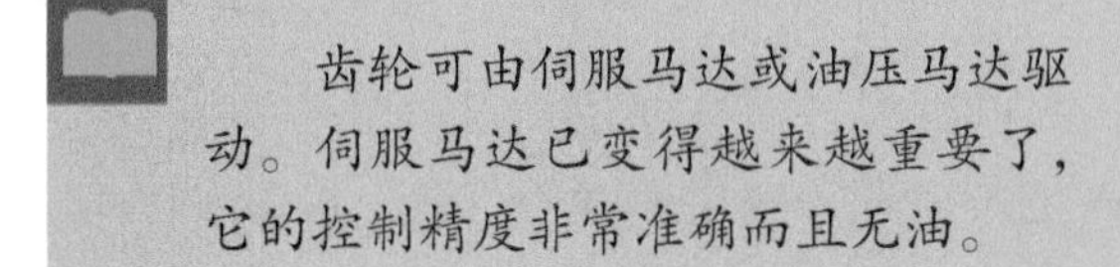
齿轮可由伺服马达或油压马达驱动。伺服马达已变得越来越重要了，它的控制精度非常准确而且无油。

第3章 浇口技术

3.1 浇注系统

模具设计时，浇口位置和浇口形式的选择，会对注塑生产的经济性起决定性的作用。浇口形式/浇注系统见图3.1。

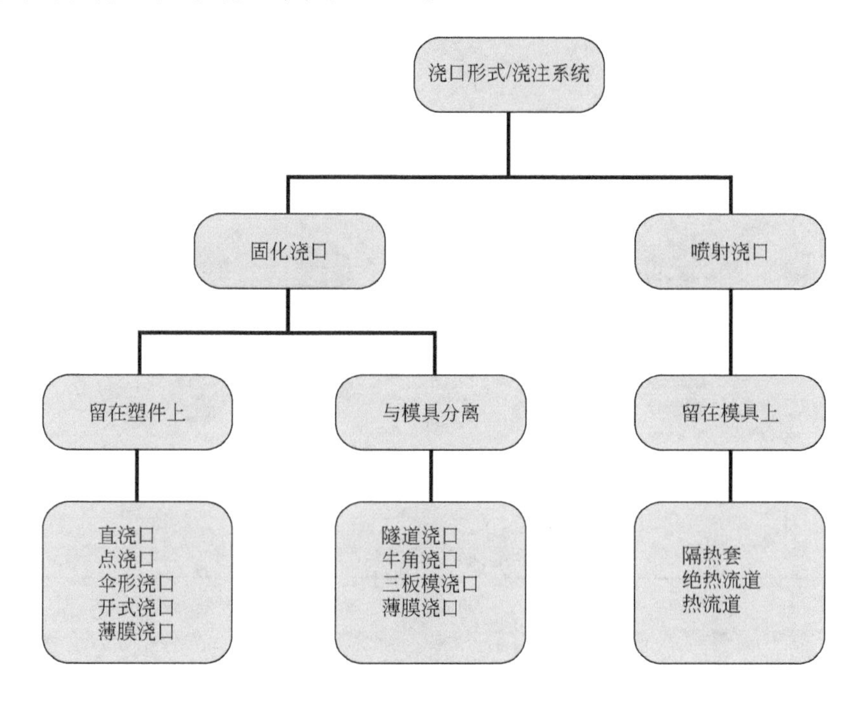

图3.1 浇口形式/浇注系统

3.1.1 连接注塑件的浇注系统

3.1.1.1 冷流道

对于冷流道模具，注塑件和浇口均在模内冷却，它们在每个成型周期内被同时顶出。

冷流道设计的要旨是使所有模腔填充均匀。因此，只有当所有型腔到中央进胶点距离相等才能保证填充过程均匀。

如果进料杆（又称分流道臂）的截面积太小，注塑件的填充就需要很高的注塑压力。高注塑压力会引起内应力，导致产品开裂。

一旦注塑压力太高，型腔内压力也会增加。如果注塑机锁模力余量不够，注塑件就会胀模。

分流道的截面积可作为产品重量的函数，其参考值来自实际经验。

流道的直径至少应该不小于注塑件最大壁厚。

一模8腔产品的浇注系统见图3.2，分流道截面和注塑件的关系见表3.1。

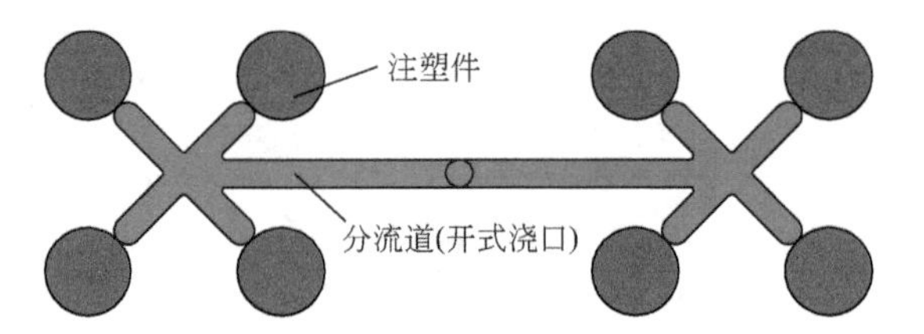

图3.2 一模8腔产品的浇注系统

表3.1 分流道截面和注塑件的关系

产品	重量/g	流道截面积直径/mm
小	>10	3～4
中	11～30	4～5
大	>30	5～6

冷流道模具的设计比较容易，流道和浇口也容易加工。但事后需要分离注塑件和浇口。

3.1.1.2 三板模流道

三板模的优点是注塑件和流道可从不同的两个分型面取出。这样就减少了一个额外步骤，即分离浇口和注塑件。

三板模（原理见图3.3）可以通过一个或多个浇口填充产品。这就意味着设计较两板模有更大的自由度。三板模浇注系统由可拉断的点浇口实现。

当模具打开时，随模注塑的拉料杆或拉料倒钩将流道固定在定模上。于是，浇口便从产品上拉断。定模侧有类似于顶针的机构顶出流道。三板模的一个优点是型腔之间的间距可以很紧凑。

需要提到的是分流道的截面积需要和产品重量相配，而且分流道要平衡。由于要打开两个分型面，于是其中一个面可以延迟打开，例如可以等到型芯退出注塑件或螺纹抽芯旋转脱模后才打开。

定模板、中间板和顶针板三块板的打开，多数是由注塑机驱动的。边锁或拉杆决定了行程。气压或液压缸也经常用来打开模板，其优点是各块板开启的位置可以由时间来控制。

分流道杆常常会引起生产故障，为了将它们从模具的故障部位中顺利取出，需要使用取料头机械手。机械手编程后可将料头直接送往碎料机。

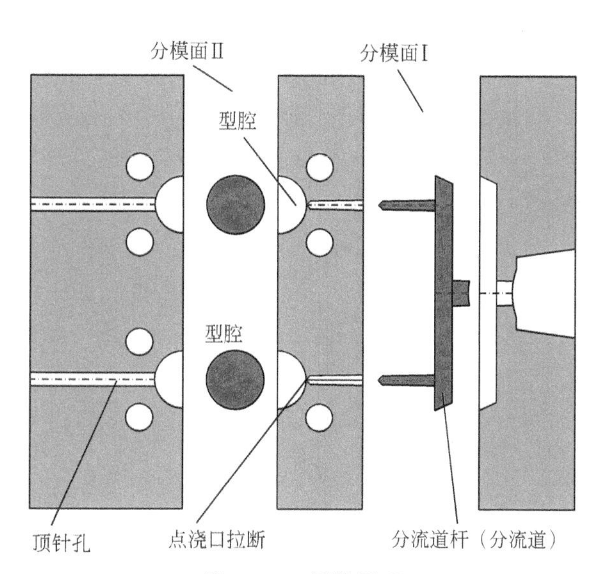

图3.3 三板模原理

三板模只采用冷流道。注塑件由点浇口浇注，换料或换色都很方便。注塑中常常成为问题的主流道可以用加热进胶嘴代替。

3.1.2 留存模内的浇注系统

3.1.2.1 绝热流道

留存浇注系统的模具，一种流道截面积较粗，可保持型芯分流道（绝热管道）里塑料的熔融状态；另一种是需要电加热的热流道系统。

单腔模具由一根主流道、预存腔或加热浇口直接注塑产品。多腔模具则需要一个浇注系统。

早期模具只使用冷流道。后来，增加了成型于第二块模板上的大容量浇注系统。这些流道（也叫“骨架”）留在模具中。只有粗大的流道才能绝热，这样的模具被称为绝热流道模具。合模时的绝热流道见图3.4，开模时的绝热流道见图3.5。

当模具发生故障或换料换色时，第二模板打开，取出流道。

绝热流道常用于高速注塑零件。不同系统的成型周期都不超过15s。

典型应用有酸奶盒、螺纹瓶盖、一次性餐具、一次性针筒、笔和植物种植盆。

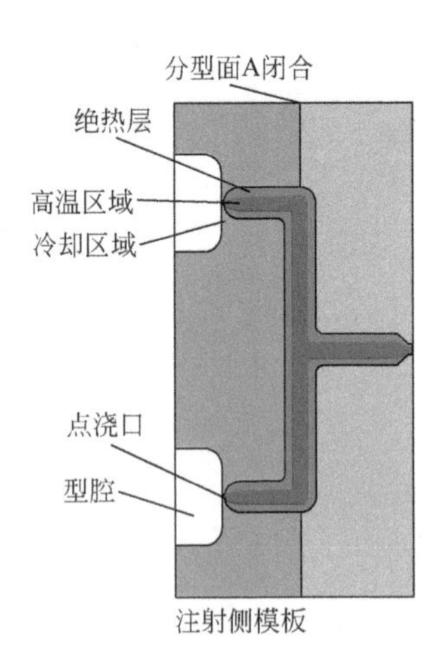

图3.4 合模时的绝热流道

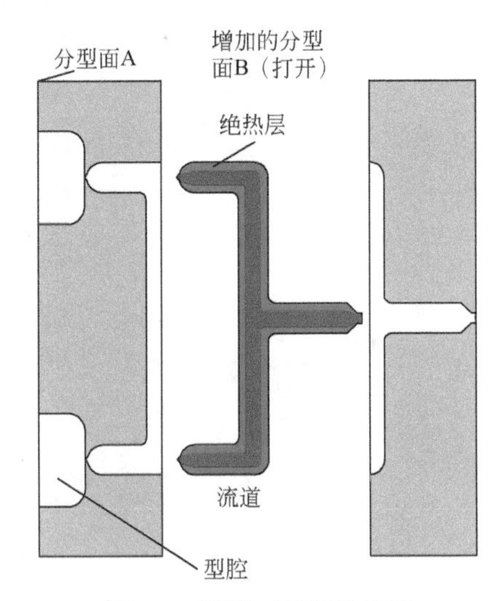

图3.5 开模时的绝热流道

与热流道相比，绝热流道模具需要更大的锁模力，但它不消耗电能。

3.1.2.2 热流道

（1）热流道的优点

热流道理论上是注塑单元的延伸。它应保持模具型腔内的塑料呈熔融状，引导并加热熔融塑料直至其抵达型腔，而保持温度和压力损失很小，热流道便满足了前述要求。

热流道技术最大的优势是注塑过程无废料，进胶口质量良好。不会发生生产过程中开模时料头粘连的现象。

另一优势是便于选择注塑件均衡填充的浇口位置。从产品底部中心进料为均衡填充，它适用于所有筒形产品，例如杯子、水桶或类似产品。

当注塑件深度不规则时，可将产品所有面投影到一个平面上，再画一个可容纳所有产品区域的圆圈。如果在圆圈的中心进胶，就能保证注塑件的均衡填充（见图3.6）。

消除了分型面上间断的分流道，模具设计便可以应用全新的思路。模具可以变得更紧凑，型腔数得以大幅度增加。拥有128或更多腔数的模具并不鲜见。

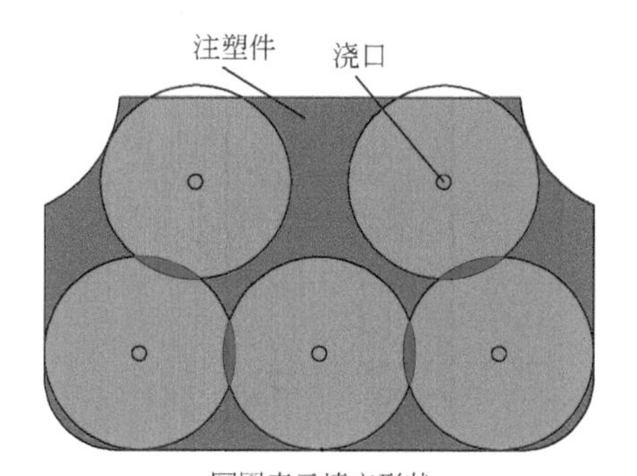

圆圈表示填充形状

图3.6 均衡填充

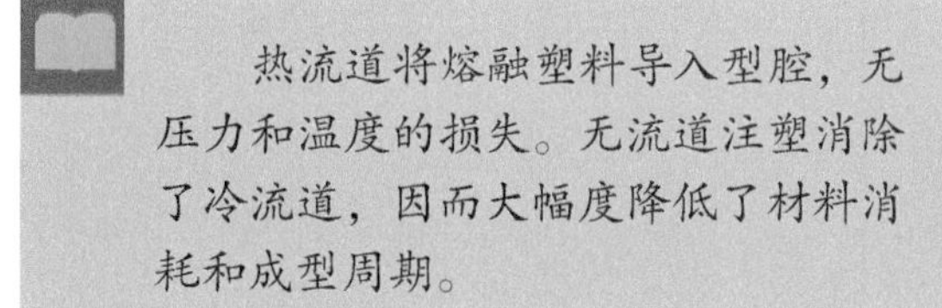
热流道将熔融塑料导入型腔，无压力和温度的损失。无流道注塑消除了冷流道，因而大幅度降低了材料消耗和成型周期。

（2）内热式热流道

内热式热流道模具代表了热流道技术的兴起，但它们目前已很少使用了。内热式系统的一个缺点是换色或换料过程很复杂。

热流道技术的原始构想是从绝热式流道概念出发，开发内热式分流和进胶系统，以防止模具流道里的塑料固化。因此，加热系统便安装在分流道的中心。热流道系统原理见图3.7。

高温原材料不会从固化了的冷料处溢出，这是系统密封性的重要条件。较严重的缺陷会在换色和换料时发生，注塑件上会出现条纹，原因是原材料颗粒会在绝热层的表面降解。为了避免这些问题，每当换色或换料时，都需要拆卸整套系统，去除分流管道里的原料，这是一个相当复杂的过程。

加热系统安装于流道中心。作为加热元件，筒式加热套借助传感器调节温度。加热套之间几乎都是自隔热的，因此，传递到模具上的热量非常少。这样就保证了热膨胀很小，从而提高了模具的封胶能力。

内热式系统应优先用于加工半结晶型热塑性塑料，如聚乙烯（PE）、聚丙烯（PP）或聚酰胺（PA）。

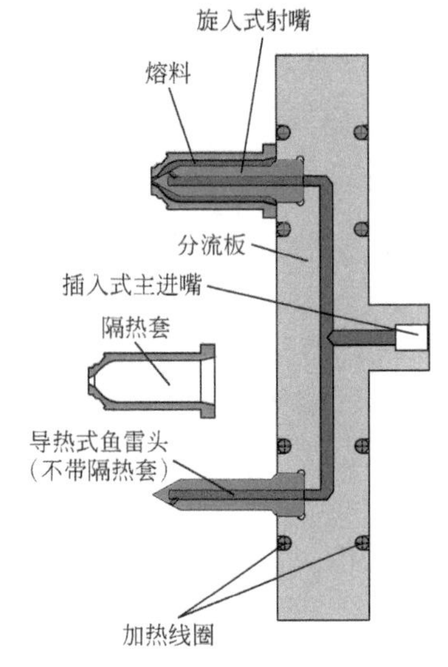

图3.7 热流道系统原理

换色和换料是内热式热流道的主要难题。为了换色后仍然能注塑出完好的产品，需将浇注系统拆卸并清除残余原料。因此，内加热时很少使用热流道。

（3）外加热式热流道

外加热式热流道（原理见图3.8）中，热量从模具外部传入分流板中。这时，分流道中的熔融塑料与加热元件并不接触。

绕制加热圈

加热元件多数采用预成型的绕制加热圈。先在分流板两侧加工好槽，然后把绕制加热圈嵌入槽内，再用双组分导热胶将其封闭。有时，加热圈只用薄铁板覆盖。绕制加热圈可使浇注系统里的热量均匀分布。

筒式加热套

作为备选方案，可以在分流板上靠近流道孔处使用筒式加热套。这些孔的加工需要与加热套达到最佳的尺寸配合，以确保热传递顺畅。

筒式加热套通常与导热胶配合使用，这样才能保证良好的热传导，筒式加热套更换更方便。目前，加热套仅用于简单模具。

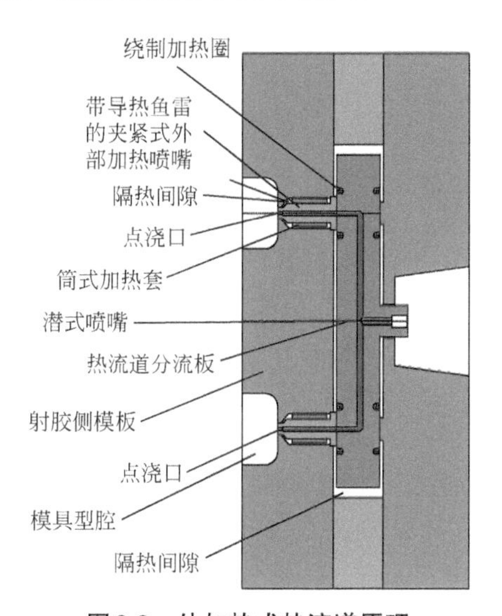

图3.8 外加热式热流道原理

在外加热热流道系统中，热量由加热的分流板传导，熔胶流道截面周围的温度大致是相同的。

温度控制

每个加热区的温度均由温度传感器独立控制。如果不同的加热区使用多个温度传感器，就可能实现与产品轮廓随形的温度控制。传感器可以和所有通用形式的热嘴组合，如夹紧式（见图3.9）、旋入式（见图3.10）、热传导式、针阀式或鱼雷式。

如今，所有喷嘴和分流板的温度均独立控制，而在早期的模具中，只有分流板的温度是由温度传感器控制的。

旋进式热流道喷嘴见图3.10。

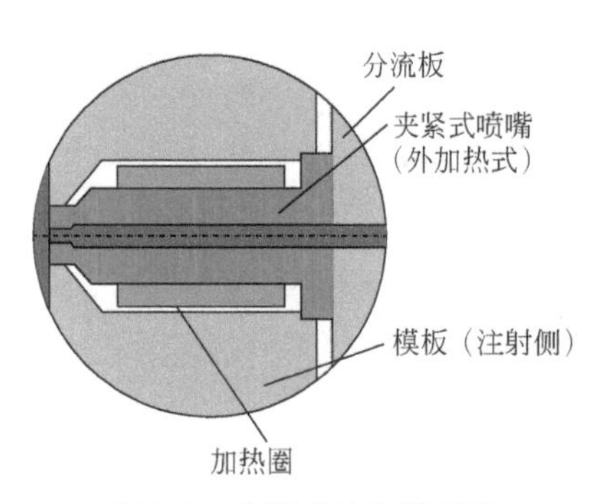

图3.9 夹紧式热流道喷嘴

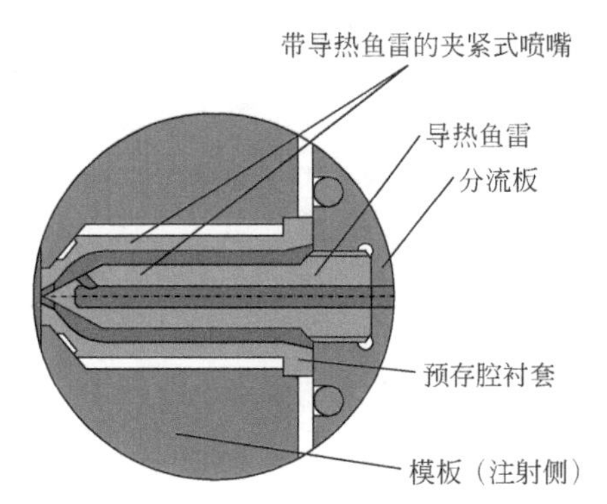

图3.10 旋入式热流道喷嘴

热膨胀

控制热流道分流板的热膨胀量非常重要。有几种方法可以对热膨胀进行补偿。第一种方法是分流板与喷嘴没有直接固定，热膨胀发生时，分流板向喷嘴侧移。第二种方法是导热喷嘴用螺纹固定在分流板上。必须注意到，随着热膨胀的发生，喷嘴流道孔冷热点之间的距离会越来越近。

一旦热流道达到工作温度，由于热膨胀的作用，热嘴正好到达隔热套的中央。

所有热流道系统都需要计算热膨胀的影响。

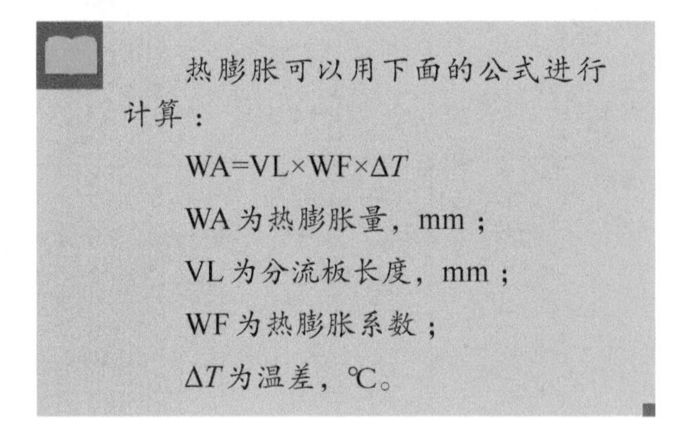

热膨胀可以用下面的公式进行计算：

$$WA=VL\times WF\times \Delta T$$

WA为热膨胀量，mm；

VL为分流板长度，mm；

WF为热膨胀系数；

ΔT为温差，℃。

（4）多点进胶

多点进胶有三种方式：①单浇口对多个注塑件；②多浇口对单个注塑件；③多浇口对多个注塑件。

单浇口对多个注塑件

这种浇口也称作热侧边浇口，用于单个浇口注射多个产品（参照3.2.2.3节）。

多浇口对单个注塑件

这种变化形式也被称作级联式注塑，是多点注塑的典型例子。特大或特长的产品，如汽车保险杠，可使用多个浇口注塑。又如有不同高度表面的产品，比如座椅，也可以用不同长度的热流道喷嘴注塑。这种工艺尤其适用于注塑机没有富余锁模力的情形（参见第6.9节）。

多浇口对多个注塑件

多浇口用于多个注塑件时，从分流板到热喷嘴的流动路径大致相同，这样可以避免填充不均匀。

多点进胶见图3.11。

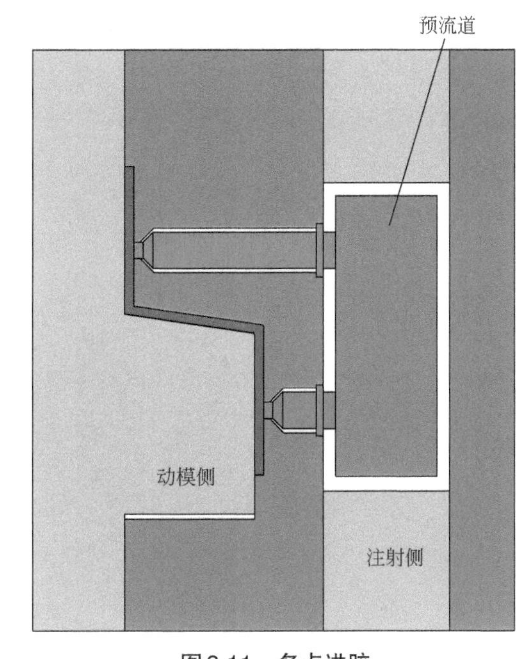

图3.11 多点进胶

多点进胶特别适用于大型注塑件。可用不同长度的喷嘴进行注塑，以配合注塑件的形状。

（5）针阀式喷嘴

针阀式喷嘴（见图3.12）一般由液压、气动或电动机构驱动。如果需要精确控制塑料填充，就需要采用可控式针阀喷嘴。

标准热流道喷嘴，无论是否配有导热头，都会存在一个问题：喷嘴开口要么太小，要么就太大。

如果开口太小，注塑压力就会很大。其后果是产品中残余应力很大，并且喷嘴处由于热量积聚，注塑件将因热受损。如果开口太大，浇口和注塑件之间会产生严重分离，即所谓的“剥离”，流道上的塑料会被拉断，残留在产品上形成浇口飞边。

以上两种问题的解决方法是使用由阀针开启或关闭的喷嘴（称作针阀式喷嘴）。

针阀式喷嘴按其阀针导向特征又可分为圆锥形和圆柱形两种。

图3.12 针阀式喷嘴

（来源：Otto Männer）

圆锥形针阀

圆锥形针阀（见图3.13）过渡到型腔的部位非常精细复杂，其壁厚只有约1～2mm。因此，喷嘴的底部可能由于阀针的关闭动作而破损。当阀针上有残留塑料时，关闭圆锥部位也会出现问题：即针阀无法关闭，产品表面产生条纹。

圆柱形针阀

对于圆柱形针阀（见图3.14），将针阀前端的原料推入模腔内没有任何问题。浇口关闭时阀针由导向圆锥中心定位，准确置于浇口孔轴线上。这样阀针在无接触的情况下关闭，从而保证了它磨损轻微、经久耐用。

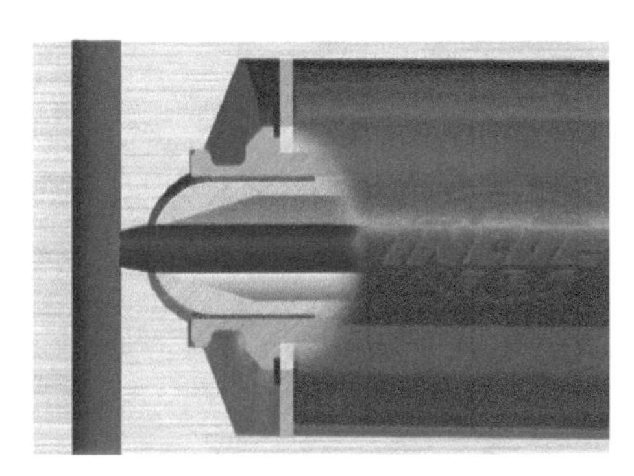

图3.13 圆锥形针阀喷嘴

（来源：INCOE® Corp.）

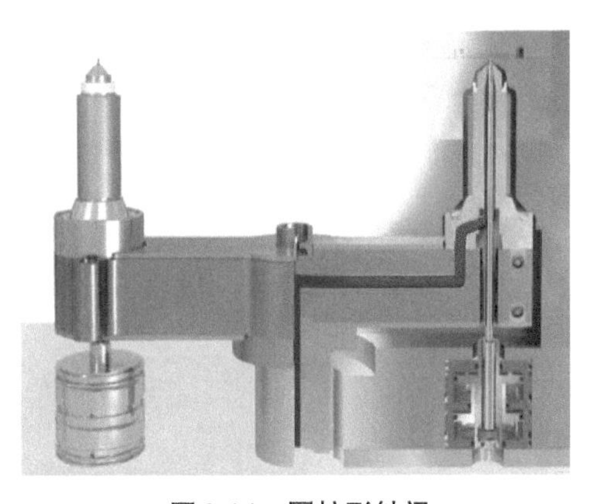

图3.14 圆柱形针阀

（来源：Otto Männer）

清晰的熔胶分离和浇口可靠封闭是针阀喷嘴在定量给料阶段的主要任务。如今市场上有着不同的针阀系统。

（6）热半模

“热半模”（见图3.15）是指装有多个热流道喷嘴的注射侧半模用于同一套模具。

在热流道模具中，熔体并非周期性全部替换的，而是有一部分残留在热流道系统中。这点与冷流道有所不同，冷流道中的熔体每个注塑周期都会被顶出，每个循环都会补充新的塑料。

如果热流道模具换料或换色，需要做很多工作。热流道需要加热，然后用新料去冲洗残料或者将整个热流道系统拆散、清洗并重新启用。

对每种材料或颜色，都使用一套“热半模”可以减少切换时间。也就是说，注射侧的浇注系统可以多型腔同时处理，并且在生产期间及时切换。

“热半模”包括模具面板、模架和喷嘴固定板的完整接线和“即插”系统以及所有热流道组件。它仅需与其他模具部件连接。“热半模”的理念使模具制造商的设计时间大幅缩短。作为规范，一套完整的系统由加热系统、温度传感器、温度控制电路以及“即插式”电气线路组成。

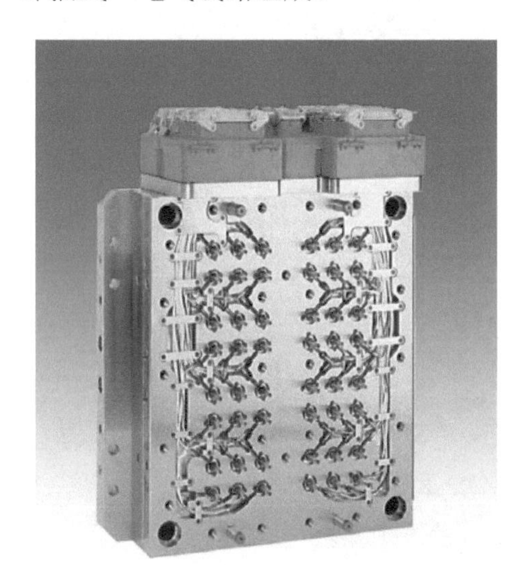

图3.15 热半模

（来源：HASCO）

在换料时更换“热半模”就可以立刻重新开始生产，避免了费时的热流道系统拆卸和清洗过程。

3.2 浇口

浇注系统和浇口的作用，是在无热量和压力损失的前提下，将熔融塑料沿最短路线注入模具型腔。正确的浇注系统和合适的浇口，是注塑件和模具项目成功的首要因素。

注塑产品本身的特点决定了所采用的浇注系统和浇口技术。要做出正确的选择，就必须了解产品的产量、重复性、精度和原材料。对小批量产品，基于成本考虑通常使用单腔模具。重复性要求高的注塑件也可使用单腔模具。此外，对模具填充压力（注塑压力和保压）较高的精密零件，如齿轮或类似的功能部件，最佳选择为直接浇口。

浇口技术见图3.16。

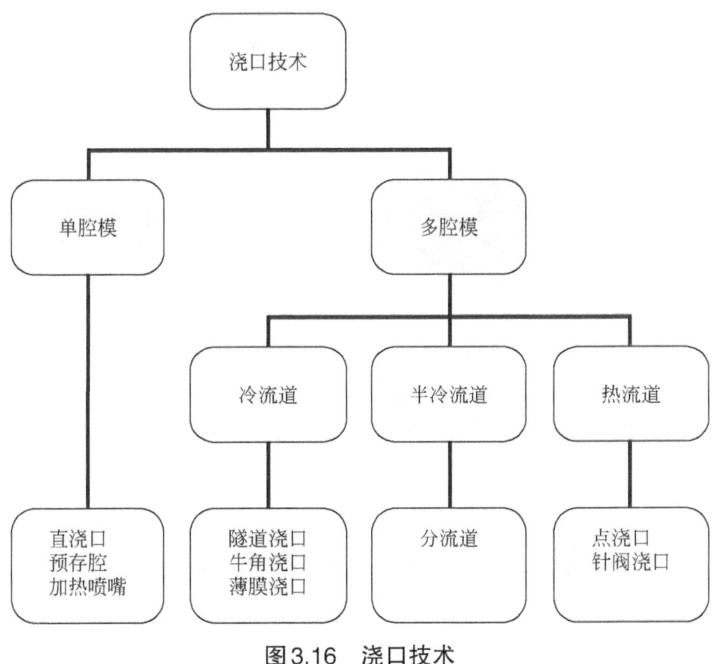

图3.16 浇口技术

浇口系统的任务是接收来自注塑机的塑料，并且尽可能将其在无压力和温度损失的前提下注入模具型腔。

3.2.1 与注塑件相连的固化浇口

3.2.1.1 直浇口

比较所有的浇口形式，直浇口的制作最为简单。但是，事后去除浇口的费用却很高，现在除非特殊情况，不会像过去那样频繁使用。

直浇口（见图3.17）直接注入注塑件的中心。这样能够保证熔料直接流入型腔，几乎不会带来温度和压力损失。

在直浇口中，注入熔料的管道是锥形的，靠近模腔段较大。和所有其他浇口一样，设计需保证浇口处的产品壁厚最厚，而流道末端最薄。

实际应用中，直浇口最粗部分的尺寸应为：注塑件的平均壁厚加上2mm的安全参数。

直浇口事后需要机械性去除，可刀削或铣掉。也可选择点浇口式加热喷嘴，这样可以免除再加工，但会带来压力损失。这点在优化注塑工艺时需要考虑。

直浇口直径标准值见表3.2。

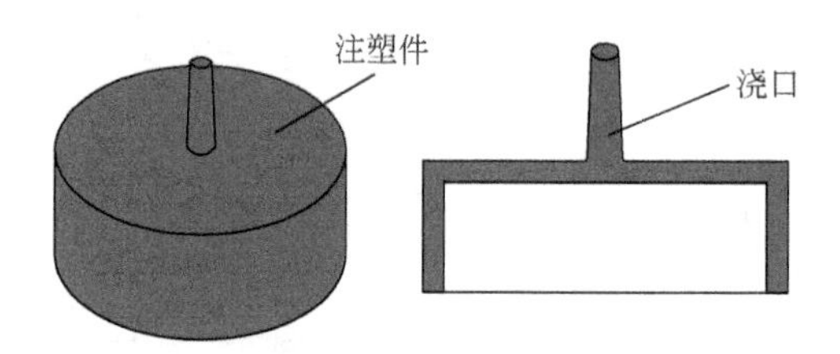

图3.17 直浇口

表3.2 直浇口直径标准值

产品重量/g	直浇口直径/mm
0.5 ～ 10	2.5 ～ 3.5
10 ～ 20	3.5 ～ 4.5
20 ～ 40	4.0 ～ 5.0
40 ～ 150	4.5 ～ 6.0
150 ～ 300	4.5 ～ 7.5
300 ～ 500	5.0 ～ 8.0
500 ～ 1000	5.5 ～ 8.5
1000 ～ 5000	6.0 ～ 10.0

直浇口的直径不应大于注塑件壁厚很多。

3.2.1.2 点浇口

点浇口是最简单的浇口连接形式，特别适用于成型周期短的薄壁注塑件。

中央点浇口

中央点浇口（见图3.18）使用时，预射料柄相对较大，而注射点较小。其浇口直径和高度均不应超过0.8 ～ 1.0mm。预射料柄的尺寸设计对注塑能否成功至关重要。尺寸太小的话，熔料有凝固的危险。中央点浇口特别适用于成型周期短、3 ～ 4模次/min而且设计简单的模具。

典型产品应用包括杯子、桶、碗、盒子以及包装材料。

侧边点浇口

侧边点浇口（见图3.19）一般用于多腔模具。浇口大多残留在注塑件上，但不需要二次加工。

与浇口连接部分一起作为整套产品售卖的注塑件，通常选择这种浇口连接方式。典型产品为装机时尚需加工的模型套件及配件。

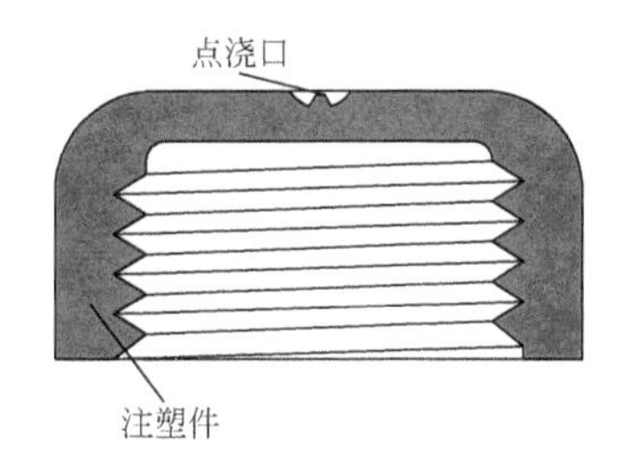

图3.18 中央点浇口

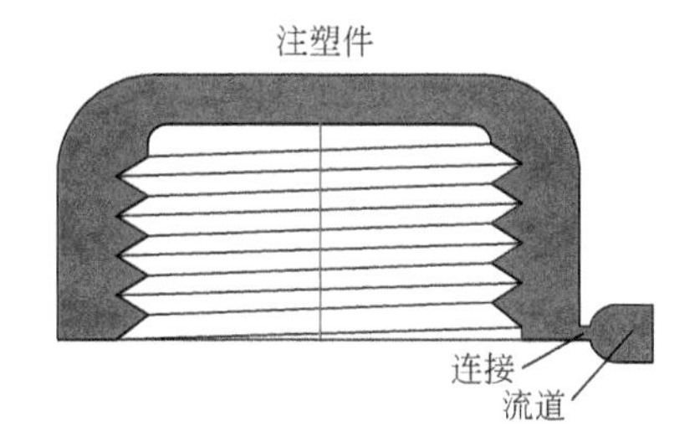

图3.19 侧边点浇口

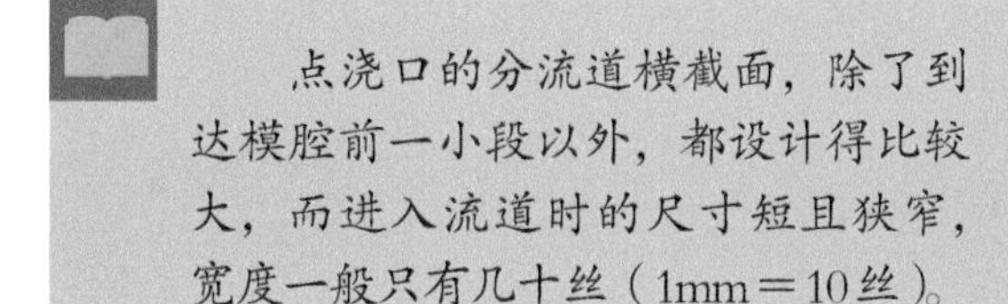
点浇口的分流道横截面，除了到达模腔前一小段以外，都设计得比较大，而进入流道时的尺寸短且狭窄，宽度一般只有几十丝（1mm＝10丝）。

3.2.1.3 伞形和环形浇口

伞形浇口用于注塑有单边型芯的环状产品。而环形浇口则用于有双边型芯的环状或管状产品。

伞形浇口

伞形浇口（见图3.20）多数用于单腔模具，应用条件是产品中央有个通孔。这样，浇口的填充效果最佳。

用了伞形浇口，注塑的圆形产品同心度高，不会变形。

另一个优点是可避免产生熔接线，而熔接线在多点进胶注塑环状截面零件时难以避免。浇口可从孔中分离，不会造成产品表面的可见损伤。

最典型的产品应用为注射成型的DVD和CD光盘。

环形浇口

环形浇口（见图3.21）主要用于注塑筒状产品，型芯由于长度长，需要做成镶件。环形浇口可避免细长型芯由注塑压力引起的移位或弯曲。

典型的产品应用是打印机墨粉筒。

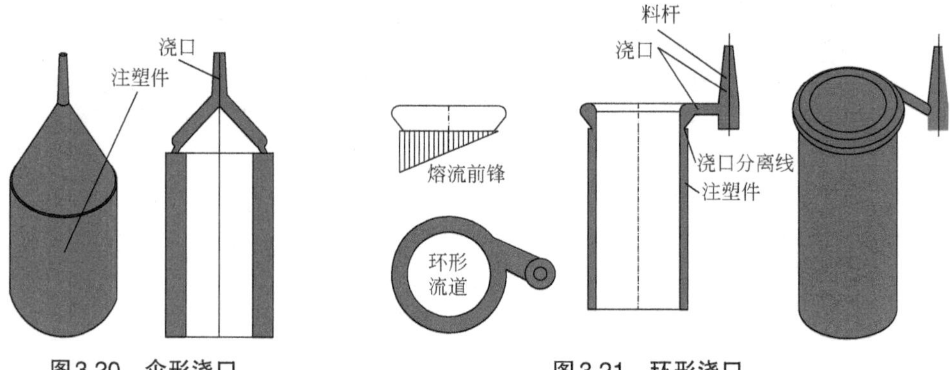

图3.20 伞形浇口　　图3.21 环形浇口

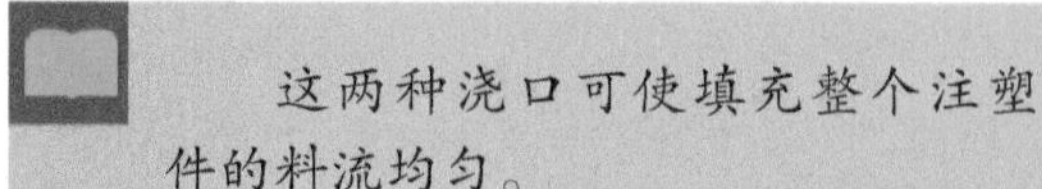

3.2.1.4 开式浇口

开式浇口用于产品表面要求不高的多腔模。注塑件通常不用二次加工便可使用。

开式浇口（见图3.22）是直浇口的改进形式。

开式浇口可视为是产品和主流道的连接段，可在注塑件和热流道系统之间起隔热作用。

在各种形式的浇口中，开式浇口对注入原料的阻力最小。通过越接近产品尺寸越大的浇口，注入原料的压力得到释放。这时需要较长的保压时间和较低的保压压力。

开式浇口常用于厚壁以及定模型芯很长或者有内孔的产品。

典型的产品应用包括硅胶筒。开式浇口会留在产品上，由用户切除。

可切断的开式浇口见图3.23。

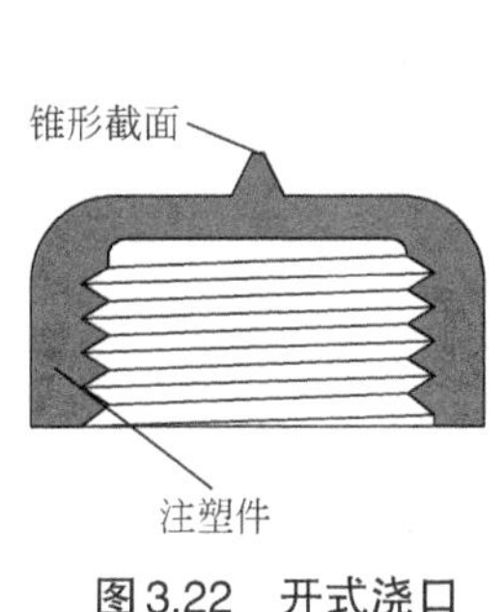

图3.22　开式浇口

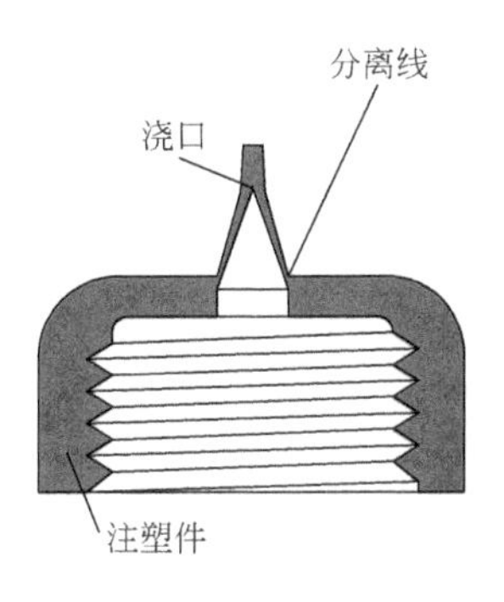

图3.23　可切断的开式浇口

开式浇口宜用于壁厚、具有较长型芯并需要注塑时停留在中心位置的产品。填充和保压需要维持较长时间。

3.2.1.5 薄膜浇口

薄膜浇口适用于面积大、壁薄并且不允许有熔接线的产品。

薄膜浇口（见图3.24）使得原材料分布均匀，沿流动方向和流动横向收缩基本均等而且翘曲变形小。产品表面不会产生难看的浇口印迹。

扁平的薄膜浇口可能会引起合模时的单侧载荷，这个缺点可以通过双型腔设计来避免。

根据产品的不同用途，用机械方式去除浇口的方法有很多种。粗糙的去除方法有锯、钻、铣、车、割和冲。无粉尘的分离可用电加热刀、激光或水切割完成。

薄膜浇口特别适用于扁平的注塑件，如盘、带，它们会带有少量的弯曲和应力。典型产品应用包括家用物品、工业品、绘图尺、加工透镜用的毛坯。使用薄膜浇口的注塑件见图3.25。

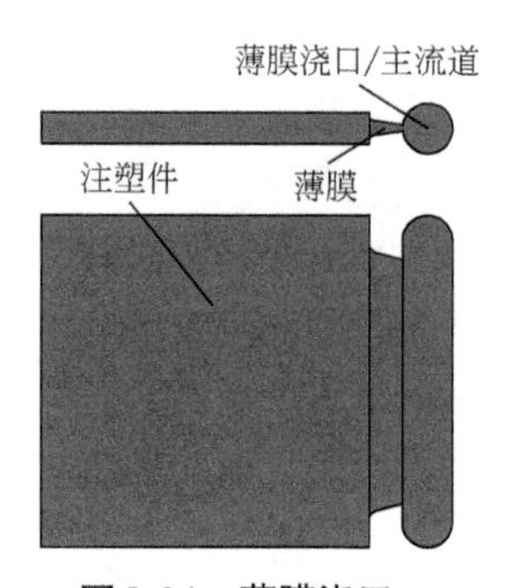

图3.24 薄膜浇口

图3.25 使用薄膜浇口的注塑件

（来源：FOBOHA）

薄膜浇口用于填充不均匀可能会引起翘曲的产品。但它会使型腔中塑料的流动距离增加。

3.2.2 自行分离式浇口

3.2.2.1 隧道式浇口

该浇口系统在模具打开时即与注塑件机械性分开，就是当浇口和产品从模具中脱开时就不再相连。

之所以称为隧道式浇口（见图3.26），是因为它与注塑件会从隧道状的管道处断开。隧道式浇口由来已久，是很流行的浇口形式，因其性价比较高而经常被采用。

分流道在进入型腔前有一段斜孔，像隧道一样连接产品侧壁。根据隧道式浇口设计的形式不同，进胶口（过渡至产品的部分）可能是椭圆形或月牙形的。如果到达产品的漏斗形浇口是个整圆，那么进胶口就是椭圆形的。如果隧道式浇口末端有一个平底，则进胶口是月牙形的。

带平底的隧道式浇口是较好的选择，因为分流道前端的熔料可能先行冷却，从而嵌入平底冷料井中，这样分流道中心的高温熔料就能被顺利挤入模具型腔。

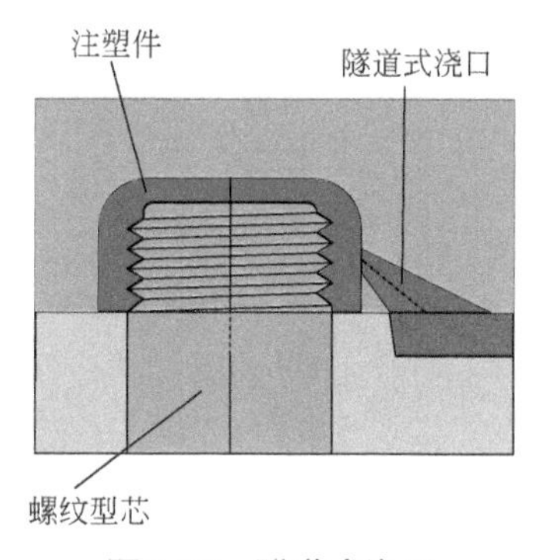

图3.26 隧道式浇口

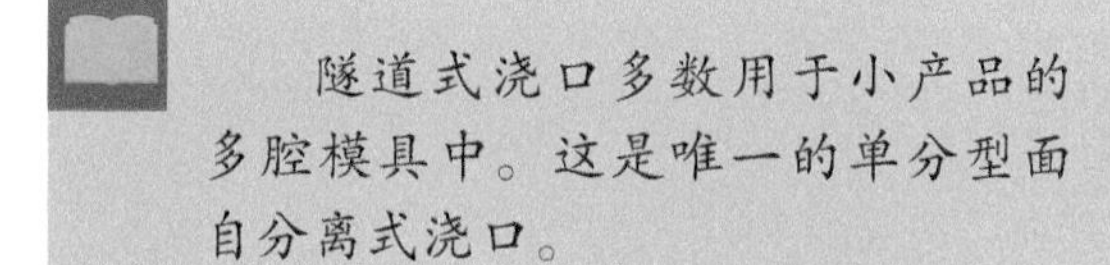

3.2.2.2 牛角浇口

牛角浇口用于产品可视表面不允许有浇口痕迹的注塑件上，此时产品会由印刷或电镀处理。

牛角浇口只使用在浇口残留不应被看见的情形。产品由内部，即动模型芯上进胶。这个解决方案代价较高。

牛角浇口只适用于坚韧的塑料，但不适用于由矿物质或玻璃纤维增强的塑料。

牛角浇口需要附设一根顶针，由它推出浇口，这样产品在顶出阶段便可顺利脱出。

由于牛角浇口拉断时会有残留塑料，因此，折断面需要沉入注塑件一部分以避免浇口突出。

图3.27为牛角浇口的顶针；

图3.28为螺纹瓶盖中牛角浇口的应用；

图3.29为牛角浇口应用原理（放大图）。

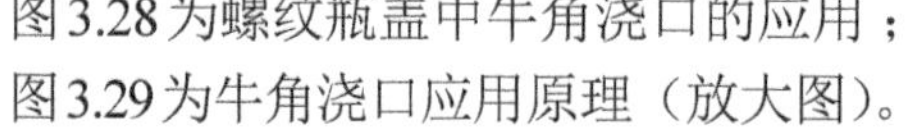

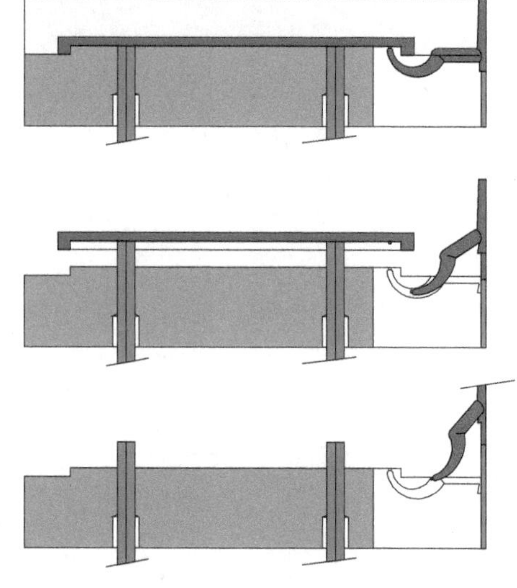

图3.27 牛角浇口的顶针

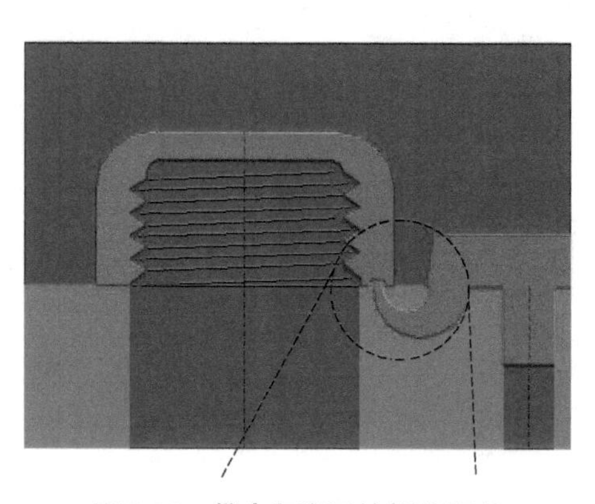

图3.28 带牛角浇口的螺纹瓶盖

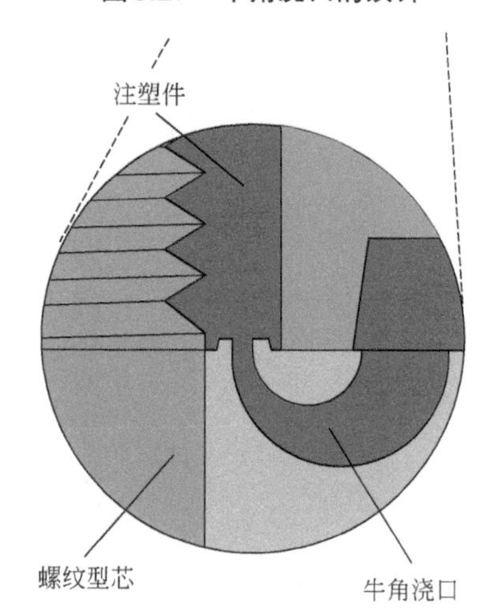

图3.29 牛角浇口应用原理（放大图）

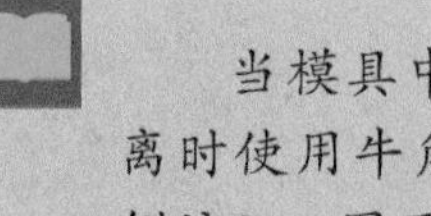

当模具中的产品从浇口系统分离时使用牛角浇口。原料从产品内侧注入，因而浇口痕迹不易看出。

3.2.2.3 侧边热流道浇口

侧边热流道浇口（侧边注塑）为热流道针阀系统提供了新的应用领域，用它能以侧进胶的方式注塑尺寸较小的产品。

使用侧边热流道浇口（见图3.30），可从侧面成型注塑件，实现顶出无浇口。这种情况下，喷嘴是嵌入模具内热流道的一部分，所以没有浇口。

注塑件的进胶点都安排在一个圆周上。按列排布的注塑件无法使用侧边浇口注塑成型。侧边热浇口代替了隧道式浇口。它可以直角进胶形式填充产品，改善产品的填充方式。

该技术常用于生产小尺寸旋盖和管盖。模具型腔数可高达128个。在这种模具里，只需用16只8点侧边喷嘴即可代替128只热流道直喷嘴，结果大大地减少了成本和空间。

侧边浇口见图3.31。

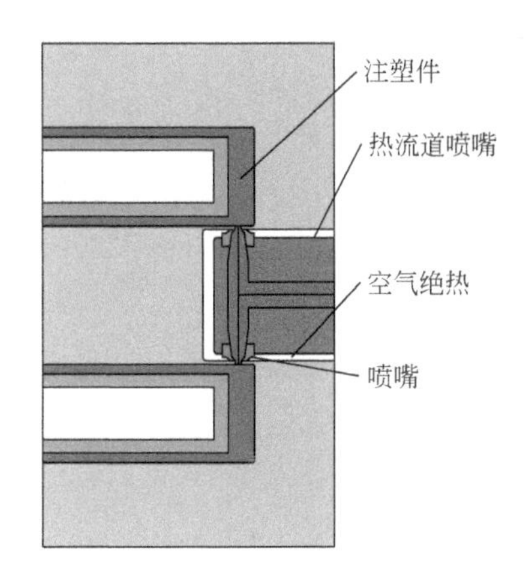

图3.30 侧边热流道浇口

图3.31 侧边浇口

（来源：Otto Männer）

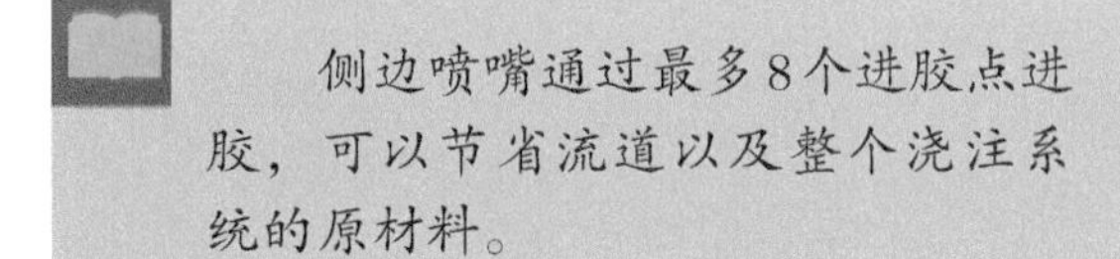

侧边喷嘴通过最多8个进胶点进胶，可以节省流道以及整个浇注系统的原材料。

3.2.2.4 热流道喷嘴

热流道喷嘴的设计特征有以下三种：开放式喷嘴、针阀式喷嘴和内加热式喷嘴（也叫鱼雷喷嘴）（见图3.32）。

开放式和内加热式热流道喷嘴属于浇口系统分类中开模时机械拉断的一类。进胶口是点浇口形式。如今有大量不同形式的热流道喷嘴可供选择，喷嘴头直径变化范围为10～60mm，长度变化范围为50～300mm。

热流道喷嘴是热流道系统中的关键部件，它们需要满足以下要求：

- 均匀的温度控制；
- 高温喷嘴和低温模具间的热量隔离；
- 过渡区域的密封。

内加热式热流道喷嘴如今已很少应用了，原因是加热圈温度不能得到有效的控制。

针阀式浇口不是开模时自行拉断的浇口，而是针阀关闭时就实现浇口分离。在注塑件上只能看见一个类似顶针印的痕迹。这也是高质量的注塑件常用针阀式喷嘴的原因。

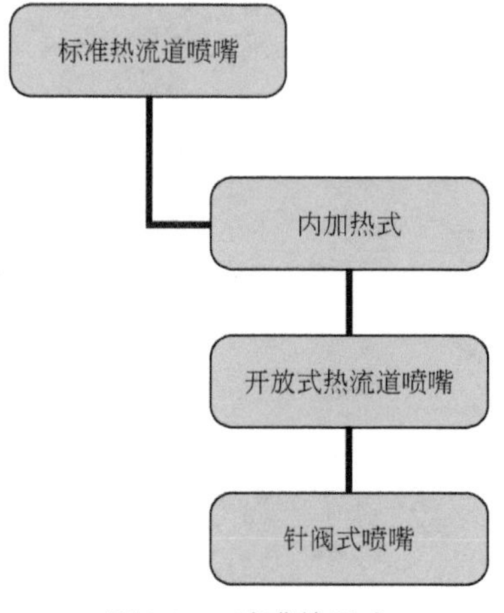

图3.32 喷嘴的形式

对于各种不同领域的产品应用，有不同的热流道喷嘴用来特殊处理不同的材料。

3.3 热固性塑料和弹性体的浇注系统

除了一些细小的区别外，热固性塑料和弹性体的浇注系统和热塑性塑料系统很类似，见图3.33。

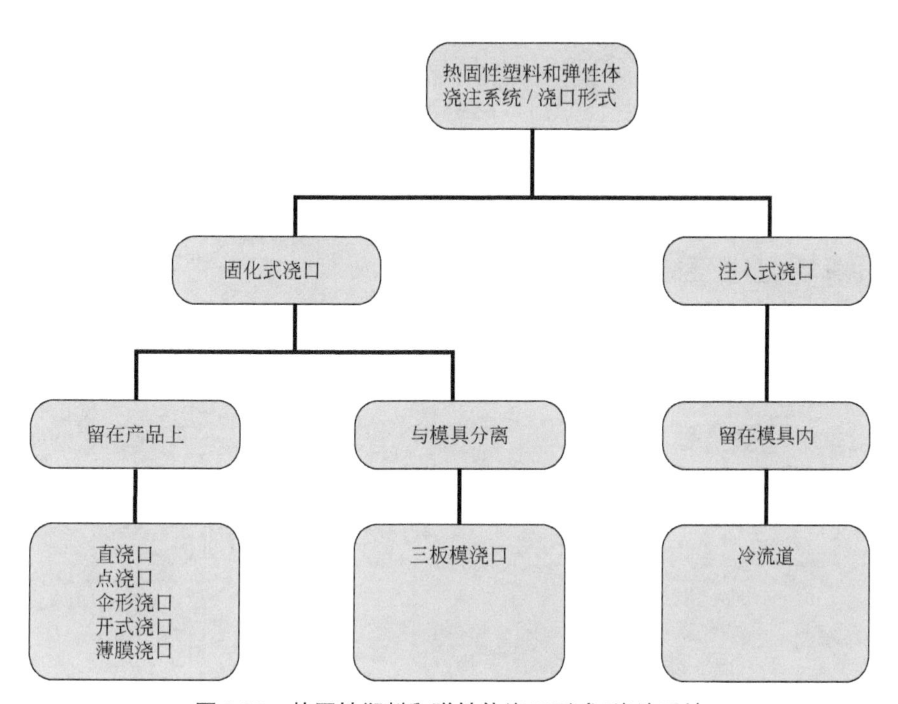

图3.33 热固性塑料和弹性体浇口形式/浇注系统

3.3.1 热固性塑料件的脱模

热固性塑料的冷流道

在加工热固性塑料时，传入冷流道的热量很少。目标加热部分不包括分流道板，而分流道板则是通过贯穿孔加热的。水作为加热介质，热反应速率比油快。

在加工热固性塑料时，常用中心进胶口。从加工角度上看这样最简便，但并非是最优的方式。很多产品在中心浇口周围会出现开裂的现象。因此从温度分布和材料的均匀性考虑，采用薄膜浇口更加合适，浇口的厚度介于0.5 ～ 0.8mm。

由于点浇口不需要二次加工便可以与产品分离，所以比较常用。在多腔模具中，保持所有型腔的塑料流动长度相等并且平衡非常重要。流长不同会带来填充状态不同。填充模拟分析能显示合适的浇口位置。

填充料含量高的塑料产品表面会显示出严重的各向异性。这时如果浇口位置选择不当，便会造成产品翘曲。由注塑引起的取向性应与主要承载方向一致，这样注塑件的强度会得到增强。

除了个别特例外，所有加工热塑性塑料的浇口形式均可用于热固性塑料。

冷流道喷嘴由外部环形套加热。喷嘴应保证接触面积尽可能小。为了更好地控制温度分布，一般只使用平行冷却水路。

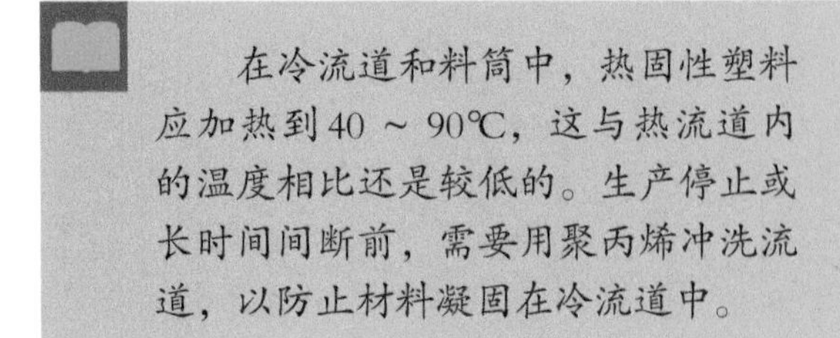

3.3.2 弹性体塑料件的脱模

弹性体的冷流道

设计冷流道时最重要的是，所有型腔相对于中心进胶点需取得平衡，即距离相等。

弹性体加工中的冷流道可以和热塑性塑料加工中的热流道相对应。

模具通常由热水或热油调温。根据材料类型不同，温度介于40 ～ 90℃。重要的是低温流道需要和高温模具隔开，这样冷流道和模具之间才不会存在热量交换。

冷流道将弹性体混合物导入模具型腔，该区域温度应适当调低，以保证材料流至型腔内之前不发生硫化反应。绝热流道就是注塑单元向型腔的延伸。

使用DESMA公司的冷流道品牌产品VARIO时，喷嘴的间隔距离在首次应用时根据不同模具可以进行调节。根据制造商提供的技术细节，在不影响型腔平衡的条件下，喷嘴间隔在240 ～ 460mm范围内连续可调。

普通的标准件制造商就能提供开发完整的冷流道系统，因而开发自制系统意义不大。

标准冷流道见图3.34，VARIO冷流道见图3.35。

图3.34 标准冷流道

（来源：Klöckner DESMA Elastomertechnik）

图3.35 VARIO 冷流道

（来源：Klöckner DESMA Elastomertechnik）

参考文献

[1] Information publication Desma Elastomertechnik, Fridingen.

[2] Mennig, G., Wippenbeck, P., *Mold-Making Handbook*（2013）Hanser Publishers, Munich.

[3] Johannaber, F., Michaeli, W., *Handbuch Spritzgießen*（2004）Hanser Publishers, Munich.

在弹性体模具中，冷流道将弹性体塑料混合物导入型腔。冷流道的温度必须足够低，塑料才不会发生硫化反应。

第4章　标准件

4.1　模架

预制的标准模架组装件或零部件（见图4.1）为模具制造者提供了极大的方便。标准的模架由配有导柱的下半模和上半模组成。

早期，模板组合只包含顶针板导柱和定模侧导柱。而如今，已可以买到完整的模架了。

模具厂家如今可以专注于模具部件（如型腔）的制造上了。标准件极大地减少了模具制造的纵深加工范围和加工时间。

如今可以购得不同尺寸的标准模架，尺寸可达796mm×996mm，模板厚度变化范围为10～196mm。钢材的品质也可以进行选择。

每块模板的所有表面都进行磨削，表面的平行度可达0.008/100mm，厚度公差可达+0.05～0.25mm。有了这样的配置，模具制造者就不需要重新加工模板了。各种尺寸的模板都配有所需要的导向件，如导柱、导套和套管。

型号广泛的热流道以及喷嘴系列，包括熔胶和温度控制回路，完善了标准件的种类。

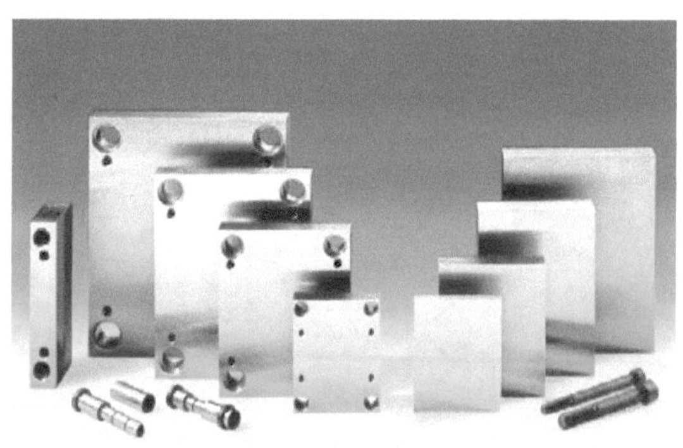

图4.1　标准模架

（来源：Klöckner DESMA Elastomertechnik）

标准件减少了模具制造的纵深加工范围和加工时间。

4.2 模具导向部件

为了避免模具内镶件和型芯在合模时损坏，需要使用模具导向部件。对于小型和轻量模具，通常使用导柱和导套。

模具导向部件都需经过硬化处理，一旦磨损，即可更换。为避免塑料件被油脂污染，导向部件通常是在无润滑油状态下工作的。标准件制造商可提供自润滑、免维护的导套，这样就不需使用油或油脂了。导向部件可在模具温度高达200℃的条件下使用。

根据使用要求不同，可用圆形或方形的中心定位单元。特殊的中心定位部件在合模时能消除导向部件上的不平衡力，并实现高精度的紧配合。

对于中大型模具，推荐通过注塑机对模具提供支撑。使用支承块，模具可由注塑机格林柱支撑，或沿机台模板的导轨滑动。

导柱和嵌石墨铜导套见图4.2，平面和圆锥形精定位见图4.3。

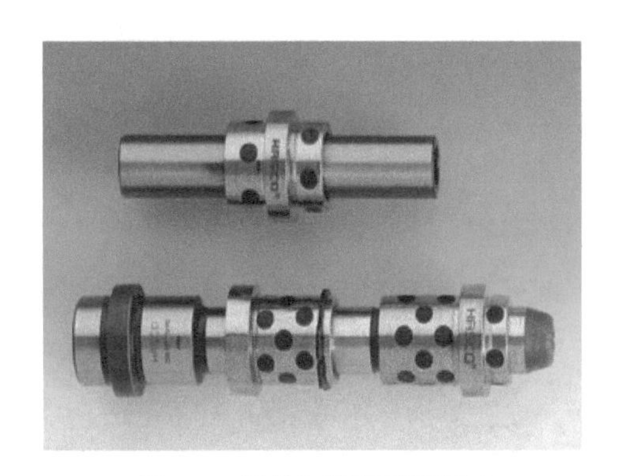

图4.2 导柱和嵌石墨铜导套

（来源：HASCO）

图4.3 平面和圆锥形精定位

（来源：HASCO）

重要的导向部件有中心定位套、导柱和导套。标准件制造商能提供完全按照DIN/ISO标准制造的导向部件。

4.3 脱模部件

脱模部件包括顶针、伸缩式型芯、滑块、抱紧拼块以及各种形式的边锁。

顶针

应选择直径较大、能提供足够产品脱模力的顶针（原理见图4.4）。顶针推力必须大于产品和型腔间的附着力。如果附着力过大，脱模时就经常会发生注塑件变形或损坏。而顶针布置的位置应避免脱模力仅仅作用在注塑件的周圈上。

伸缩式型芯

有内部倒扣或内螺纹零件的脱模，需使用伸缩式型芯（见图4.5），这样型芯已经经过硬化，除了螺纹部分需要加工外，其他部分可以随时安装。

滑块、抱紧拼块

外部倒扣的脱模通常借助于侧向移动的部件，包括滑块、抱紧拼块和油缸抽芯。

边锁

在有多层分型面的模具中，需要使用边锁来打开二级分型面。

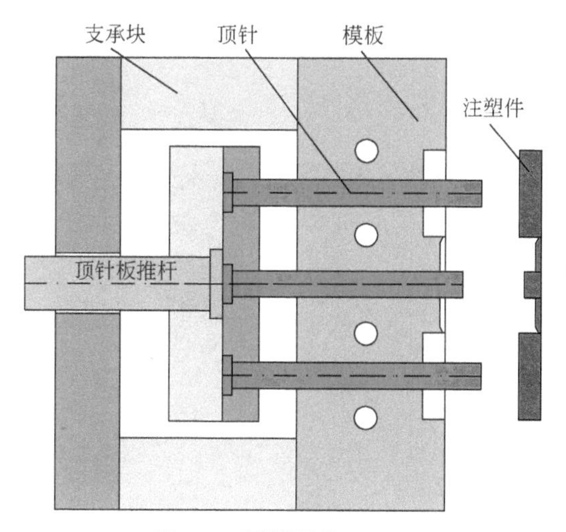

图4.4 顶针原理

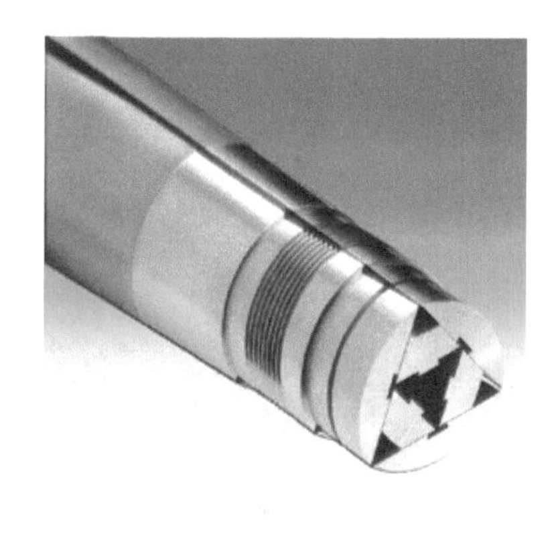

图4.5 伸缩式型芯

（来源：HASCO）

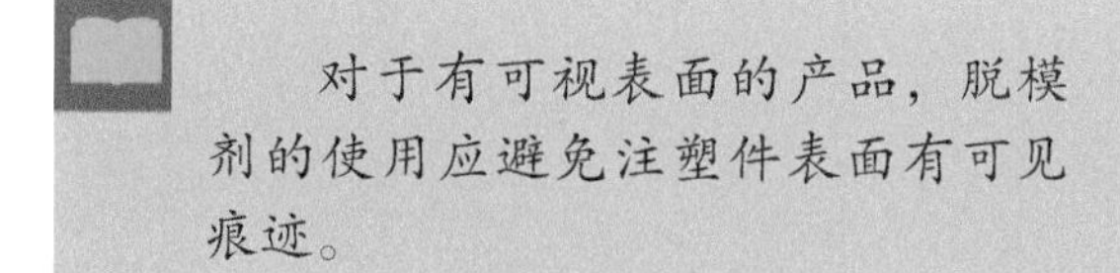

对于有可视表面的产品，脱模剂的使用应避免注塑件表面有可见痕迹。

4.4 模具冷却配件

为达到有效的模具冷却效果，可使用一些相关标准配件。如快速水、油管接头、导热型芯、分流元件以及螺纹型芯。

快速接头

标准件制造商能提供规格齐全的水/油快速接头。最常用的直径有9mm、13mm和19mm。细小型芯直径甚至可达5mm。

快速接头（图4.6）可配控制阀，也可不配。无阀系统的特点是冷却水道的压降很小，而有阀系统里的冷却介质则不会在接头松开时流失，并可以防止因氧气渗入而导致腐蚀。

螺纹型芯

螺纹型芯以精准的配合植入型芯内孔中，使冷却介质沿内壁顺畅地流动，保证了热量的很好传递。螺纹型芯（见图4.7）有单头或双头两种。在单头螺纹型芯里，冷却介质由型芯一个孔导入，再沿螺纹圈回流。而双头螺纹型芯则由一根螺旋通道导入冷却介质，由第二根螺旋通道导出。

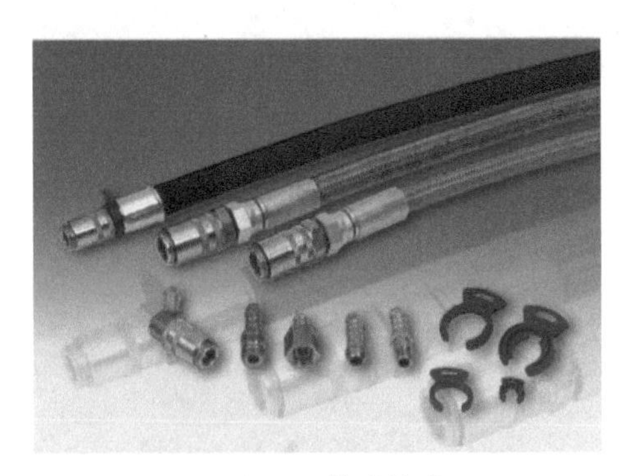

图4.6 快速接头

（来源：HASCO）

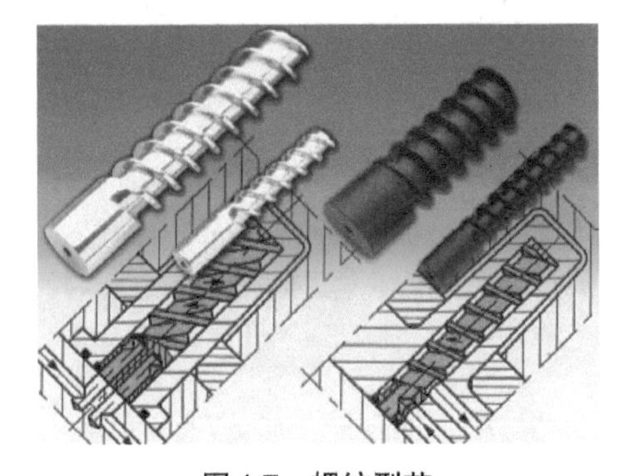

图4.7 螺纹型芯

（来源：HASCO）

4.5 快速换模系统

快速换模系统不仅能快速装夹模具，还能快速连接所有必要的设备。

在更换模具时，模具装夹需要的时间其实很少，最费时的是机台顶出机构的耦合、冷却水路的连接、行程开关和模具加热系统的连接，以及液压抽芯与机台的连接。而所有这些要素都是一套优秀的换模系统必不可缺的部分。

只有0.5%的注塑公司能找到全自动的解决方案。半自动化换模的成本也相对较低。而很多半自动化配件都是由标准件供应商提供的。

半自动化换模的步骤包括：

- 使用机械式、液压式锁模部件或磁力锁模板；
- 使用冷却水和液压油的快速接头；
- 顶出系统的快速接头；
- 热流道和行程开关的系统即插装置。

以下做法已证明行之有效：

- 冷却介质的接入由固定在机台模板上的集水块完成；
- 冷却水管连接处需用颜色标明流入和流出；
- 接线盒应该安装在模具上，以免产生错接。

更换模具时，采用半自动化解决方案的小型折中方案将有助于降低成本并节省时间，同时减少失误。

4.6 边锁机构

边锁机构（原理见图4.8）在开模动作中实现模板的机械运动。

提供模板附加行程或固定脱模板位置是边锁机构要完成的任务。开模时，边锁能额外打开一个分型面。在开模运动中，边锁通过机械斜楔块拉动脱模板回退，直至脱模板停止运动，而模具则将继续运动。边锁无需任何电气元件控制，全靠机械结构锁定。边锁很常用，标准件供应商能提供多种类型的产品。

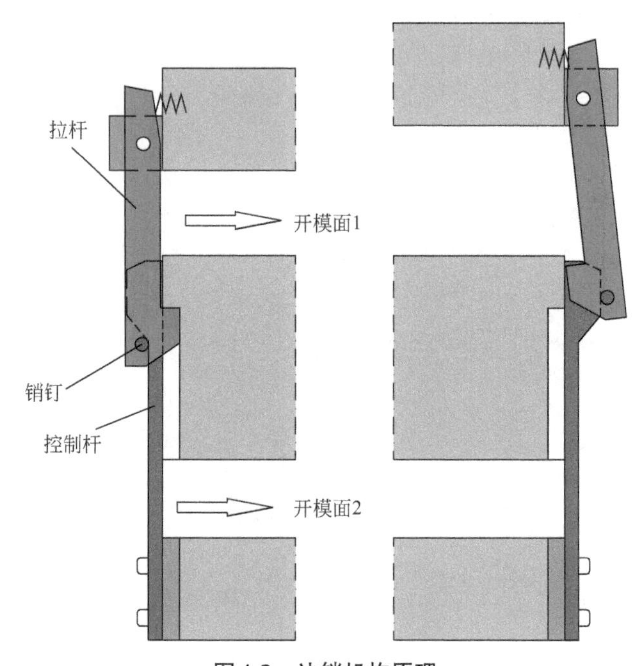

图4.8 边锁机构原理

边锁机构功能全部由机械力来实现，没有必要使用电气控制来实现启动或功能的监控。

4.7 热固性塑料和弹性体的加热板

在热固性塑料或弹性体加工中，注塑机经常配备加热板。其好处是不需要每套模具安装加热部件就能提高模温。

加热板通常安装在注塑机的定模板或顶出板上，上面装有加热元件和用来控制温度的传感器。装有加热套或加热圈的加热板可设定不同的温度，以满足各种模具的加热要求。

加热板的热输出功率为5000～7000W。但它们不是万能的，只适用于简单、平整的产品。对于高度落差很大的产品，因为模具内的温差过大，所以加热板不太适合。这种情况下，模具最好安装独立的加热装置。

如果加热元件和温度传感器的位置布置合理，模具表面的温度可以得到有效的控制。模具所有表面的温差应在±5℃内。这样，注塑件硬度均匀，同时可防止内应力和翘曲的产生。

4.8 弹性体的脱模刷

多数弹性体产品柔软但不稳定。它们不能用正常的顶出部件顶出。这些产品必须手动用刷子取出，或者由机械手系统取出。

刷脱单元带动旋转刷从模具表面刷过，产品随着刷子的反向滚动而被刷出型腔。这种机构是顶出机构的变种。有了这种刷子，产品飞边、浇注系统和分流道被同时刷出模腔。对刷也经常使用，以保证没有产品或流道残留物残留在顶出侧或注塑侧。

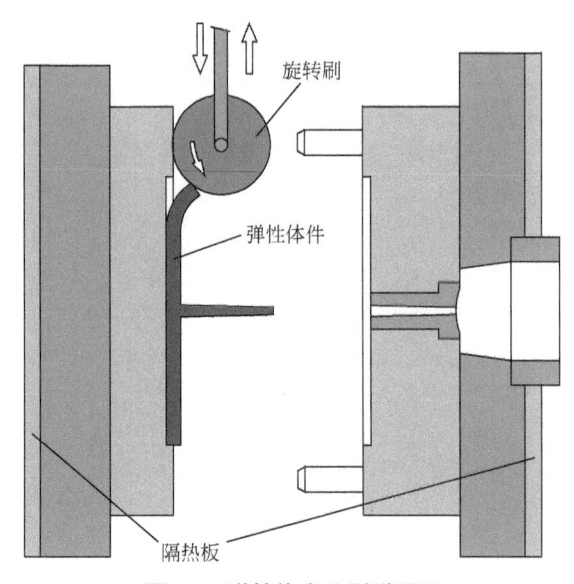

图4.9 弹性体产品刷脱原理

刷子通常由天然刷毛制成，如皮毛或橡胶条，需承受250℃的温度，不是所有材料都适合。

可通过更换刷头来改变刷子的直径。该刷脱单元也可通过调节，实行强力刷或轻拂。

为了100%地保证模具的清洁，可使用影像监控系统。该系统可检测浇口或产品是否被卡住，从而启动第二或第三次清扫。

弹性体产品刷脱原理见图4.9。

参考文献

[1] Mennig, G., Gockel, J., Kabbert, A., *Mold-Making Handbook*（2013）Hanser Publishers, Munich.
[2] Mennig, G., Hentrich, R., *Mold-Making Handbook*（2013）Hanser Publishers, Munich.
[3] Mennig, G., Karlinger, P., Hinken, F., *Mold-Making Handbook*（2013）Hanser Publishers, Munich.

旋转刷脱模时，产品、飞边和流道系统都从模具中被刷出。

第5章 冷却控制

5.1 冷却管道

冷却管道的作用是将模具中的热量通过管道侧壁传到温控介质中去。性价比最高的温控方式是使用圆形冷却管道降温。

每个注塑件都应该有单独的冷却管道。选择冷却管道有以下通用法则：

- 通道直径通常为6～14mm；
- 多条小直径管道比少数大直径管道有效；
- 直径小而长度很长的管道会引起较大压力损失。

串联冷却管道

使用串联冷却（见图5.1）时，进出模具的管道只有一条。结果，冷却介质的温度随着管道的延伸会逐渐升高。这样，模具在不同区域的温度就会不同。

并联冷却管道

使用这种冷却（见图5.2）方法，进水会分成多条平行管道，以达到模具温度均匀控制的目的。该方法的缺点是如有管道堵塞，其位置很难确定。

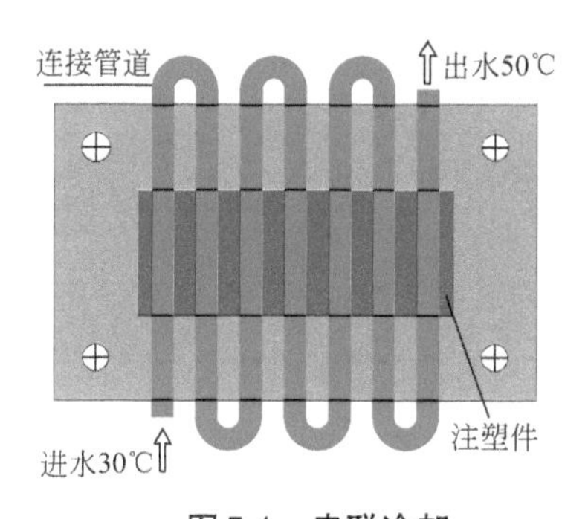

图5.1 串联冷却

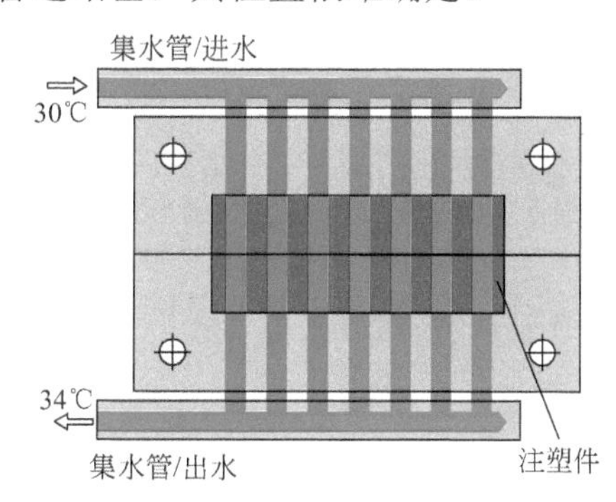

图5.2 并联冷却

一般情况下，冷却管道位置都应接近模具表面。管道间距离越小越好；而热交换的面积则越大越好。

5.2 温度分布

模具的温度对于注塑加工的经济效益和注塑件的质量都至关重要。最新研究结果表明，整个型腔的温差不应超过5℃。正确运用一系列冷却手段便可实现这个目标。

早期模具进水和出水口间的温差经常会超过20℃。这将导致注塑件质量下降和熔胶凝固所需的冷却时间延长，对应的成型周期也会延长。如今，模具温控设计成了可选择的加热模式，即加热靠近产品表面而且可分区域控制。

有多种冷却方法都能够使模具很快达到产品的脱模温度。简单地说，有持续冷却和分段冷却，以及间断冷却，也叫作脉冲冷却。

在模温合适的前提下带走热量非常重要。而当模温过低时，快速冷却会对产品性能产生负面影响。

温度的分布和塑料的流动性都应加以考虑。

各种不同塑料的理想模温是基于材料供应商的推荐而定的，见表5.1。

表5.1 通用塑料材料的模温

塑料材料	熔化温度/℃	模具温度/℃
苯乙烯共聚物（ABS）	210～270	50～85
聚乙烯（PE）	180～270	20～60
聚甲基丙烯酸甲酯（PMMA）	200～250	40～60
聚丙烯（PP）	240～300	20～80
聚苯乙烯（PS）	180～280	55～80
聚氯乙烯（PVC）	170～190	40～60
聚酰胺（PA）	230～250	70～120

模具冷却对注塑件的质量和工艺成型周期有着决定性的影响。为生产出完美的产品，模具表面的所有区域都应保持温度相同。

5.2.1 热固性塑料模具的温度分布

热固性塑料模具是由电加热的，由加热棒、加热片、加热线圈或热板完成。热板没有并入模具，而是注塑机的一部分。模具的温度介于150～180℃。

模具温度由热电偶进行测量。配置热电偶和加热元件是为了将表面温度差控制在5℃以内。当注塑件产品要求很高时，温度差需从5℃减少至2℃。

为减少模具的热量散失，模具上应加装隔热板。

5.2.2 弹性体模具的温度分布

弹性体模具也是由电加热的，由加热套、加热片、加热线圈或热板完成。热板没有并入模具，而是注塑机的一部分。热固性塑料模具的热输出为35～40W/kg，而弹性体模具的热输出则需要50～60W/kg。其原因是弹性体具有较低的热传导性，其次是其产品结构相对薄弱，故冷却迅速。

弹性体模具温度也由热电偶进行测量。配置热电偶和加热元件是为了将表面温度差控制在5℃以内。当注塑件产品要求很高时，温度差可低至2～5℃。

为减少模具的热量散失，模具上应加装隔热板。

弹性体和热固性塑料模具没有冷却系统，但都拥有加热系统。注塑时的模具温度在150～180℃。为了生产优良的产品，所有模具型腔表面都应保持相同温度。

5.3 连续冷却

模具温度控制要使用冷却介质，它将直接贯穿模具。然而，大多数注塑模具都由模温机加热至40 ~ 80℃。工程塑料的模温则需要高达200℃。

冷却水流量调节器

冷却水流量调节器（见图5.3）使用手动流量调节来控制温度。温度计通过测量回水温度来响应温度变化。流量的调节由控制阀完成。

流速显示是经过一个复杂的测量系统之后，由模具冷却回路中的水流顶起一个锥形浮子来表示的。

模温机（见图5.4）

模温机里的温控介质为水或者油。如果需要的温度高于水的沸点，则需使用增压水温机或油温机。

传统模温机里的水流回路可以是开环的，也可以是闭环的。在开环系统里使用间接冷却，前置水温可达95℃而油温可达200℃。为避免和氧气接触，油通常只在闭环系统里使用。在闭环系统中，系统水温可高达230℃。

如果冷却介质无法直接到达成型部件的所有区域，则冷却时间需要延长，以使得未被冷却部位的温度也达到脱模需要的温度。这将造成成型周期延长和产品成本上升。因此，模具上所有部件都必须并入冷却回路。

图5.3 冷却水流量调节器

（来源：Wittmann Kunststoffgeräte）

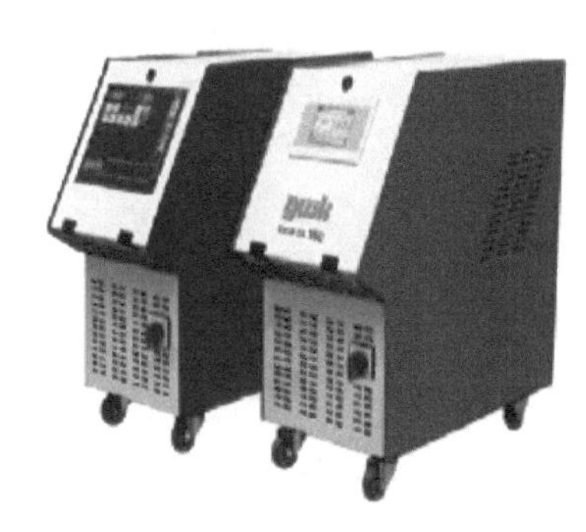

图5.4 模温机

（来源：gwk Gesellschaft Wärme Kältetechnik）

直接冷却系统里，工厂冷却水网里的水会直接通过模具。而在间接冷却系统里，连接了配有热交换器的模温机，水泵需保证模具进出水温的温差小于3℃。

5.4 分区冷却

分区冷却（见图5.5）的基础是根据产品热量分布进行的模具设计。模具被分成独立的区域，以便将温度要求不同的区域分配给独立的冷却回路控制。

传统的分区冷却解决方案，也称为多回路冷却法，将独立的冷却回路连接独立的模温机。而当冷却回路数量增加时，操作难度和所需的空间都会增加。

分区冷却可以使不同的注塑件单独冷却。当塑料流动路径较长时，浇口附近可以重点冷却，而逐渐远离浇口处，降温幅度可以逐渐减弱。不同温度区域的分别控制可均衡型腔温度。由此，注塑件的质量得以提高，而成型周期则得到降低。相同温度的温控回路可以汇总到一起，以减少操作难度。

条状和细长型芯的冷却尤为困难。权宜之计是在这些区域使用导热性高的模具材料。例如铍铜，其导热能力比钢材高五倍。

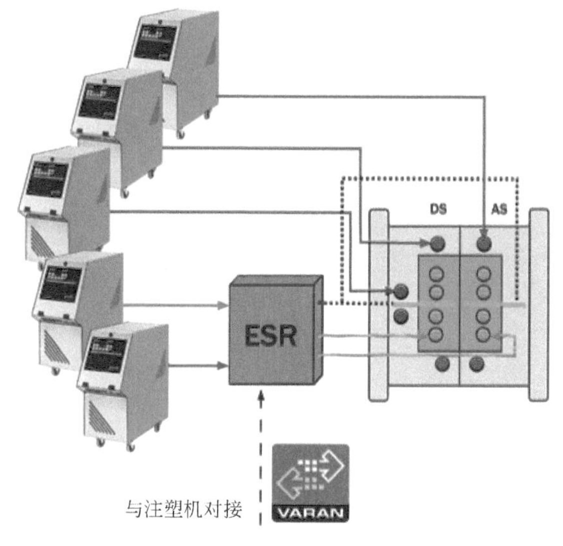

图5.5 分区冷却

（来源：gwk Gesellschaft Wärme Kältetechnik）

分区冷却根据不同的注塑件，用不同的模温机连接不同的回路。这样，就能根据独立区域里产生热量的不同分别进行控制。

5.5 动态温度控制

动态温度控制（见图5.6）是指变温过程控制。在这里，模具型腔将进行冷热交替的周期性温度变化。

该方法的工作原理是注塑前主动增加模具温度，保证原料的流动性，直至模具填充完毕。这样，即使在低压时生产出的产品表面质量也比较好。

作为外部工艺，加热由流体或蒸汽介质来完成，也可通过感应或红外辐射器完成，但后者只能加热到型腔表面的浅层。而内部加热工艺则可由安装在模具内靠近型腔的电加热器完成。加热器可能是加热圈、感应线圈或陶瓷电阻加热器。冷却则通常由间断供水完成。

在经典的变温控制过程中，先用来自模温机的高温热水注入温控管道，然后再注入冷水，如此交替，以实现两阶段温度控制。

进一步的工艺发展则将高性能陶瓷电热器埋于型腔面下数毫米处，以代替流体加热回路，它能够用1/10的能源消耗，达到10倍速的温度变化。

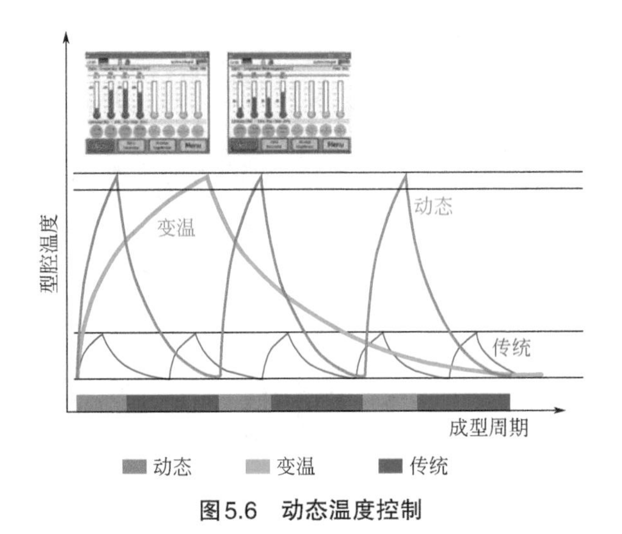

图5.6 动态温度控制

（来源：gwk Gesellschaft Wärme Kältetechnik）

变温工艺能够消除产品表面的熔接线。

5.6 脉冲式冷却

使用脉冲式冷却，注塑阶段的任何时间段内，模具型腔表面都可获得期望的温度分布效果。

在该系统中，型腔温度周期变化的数据，由热电偶进行记录并用于温度调节。持续监控注塑阶段中的热量变化则由热电偶和流量传感器完成。必要时，由电脑计算流量的冷却介质会间断地流过模具各个区域。

通过测量流过模具中每条冷却水路的水量和温度差便可以实现热平衡。单独的冷却要求则由模温机通过控制各条冷却回路阀门的开启时间加以控制。

批量生产开始时，系统温度先调至预设的工艺温度。同样的，在成型的某些周期中，需要等待系统吸收热量，达到所需的操作温度。这时脉冲冷却才会启动。

根据供应商提供的标准，脉冲式冷却可以降低30%成型周期，并能够大幅度减少冷却和温控所需的能量。

典型的应用包括壁厚变化较大的注塑件，尤其适用于有加强筋或有所谓“热点”的工程零件。

脉冲式冷却是通过冷却水流脉冲来实现注塑模具不同冷却周期的温度需求。其温度调节能够完全配合注塑件的热量分布特点。

5.7 型芯冷却

模具型芯的温度调节多半在调温式型芯中进行，将冷却介质引入型芯，之后再引出。实际应用中，有多种利用型芯调节温度的可能性。

冷却管

在此冷却形式中，型芯中心需钻孔，插入一根温控水管，接入进水。冷却介质流过水管，并从水管前端溢出，再由水管和型芯孔之间的缝隙流回出口。

隔水片

隔水片是冷却水管的简单形式。型芯孔被分割成相互连通的两个腔。冷却介质从进水管流入中孔的一个腔，再从另一腔流出。

导热棒

导热棒在很多冷却水道无法接近的场合是非常理想的解决方式。利用导热棒，局部的积热可以被吸收并引导到形状更合适的位置消散。

螺旋型芯（见图5.7）

螺纹芯以精准的粗细配合植入型芯内孔中，它使冷却介质沿内孔壁以最优方式流动，并保证了热量很好的传递。可参见4.4节。

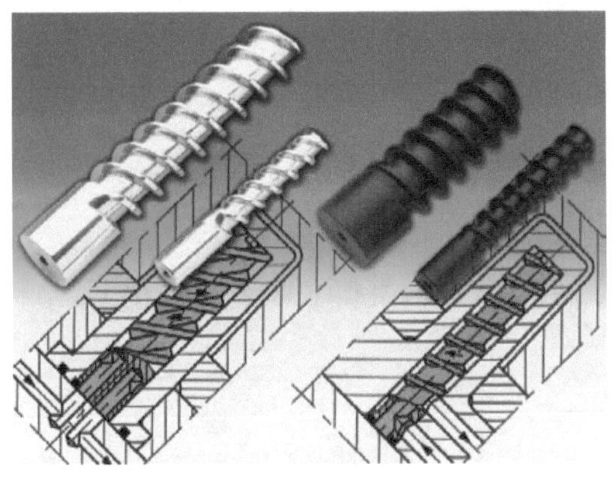

图5.7 螺旋型芯
（来源：HASCO）

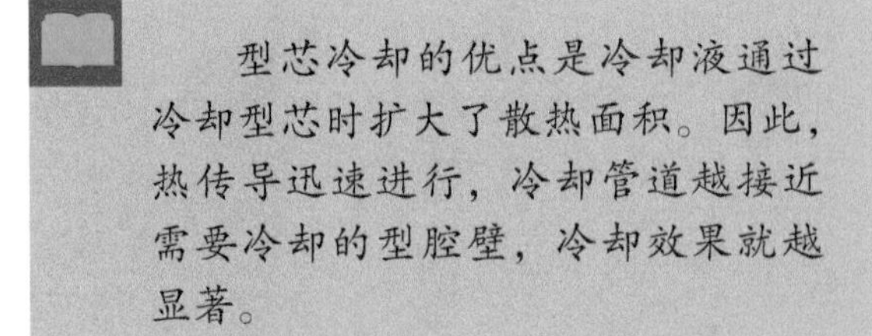

型芯冷却的优点是冷却液通过冷却型芯时扩大了散热面积。因此，热传导迅速进行，冷却管道越接近需要冷却的型腔壁，冷却效果就越显著。

5.8 温度测量

模具内的温度测量是注塑过程中的一个重要环节。为了得到真实的工艺信息，温度测量应靠近浇口甚至在型腔内完成。

真实模具温度的测量结果，可用作调节冷却条件或冷却单元的依据。

注塑过程中任何的温度变化应尽早得到监测，以便冷却液温度的及时调节。这样，就可以避免不良工艺对材料造成的破坏。

使用热电偶（见图5.8），模具温度被记录并传到机台控制单元或模温控制系统（模具监控系统）中。通过机台控制系统或外部冷却装置，型腔的温度得以监控。如果温度的高低偏离预设范围，就会触发警报。而温度变化公差带宽度则取决于注塑原料的温度敏感度。

热电偶应该安装在温度对模具质量影响显著的部位，如有翘曲趋势或公差较严格的部位。型腔温度通常由装在1mm直径保护套中的热电元件测量得到。为尽可能减少热传导阻力，推荐使用导热胶。

图5.8 热电偶

（来源：Kistler Instrumente AG）

热电偶有点状测量特性。热电偶的安装位置取决于模具的几何形状和结构以及冷却管道的排布。热电偶最好是含铁的物质，如FeCo, Fe-CuNi和NiCr-Ni。

参考文献

[1] Hoffmanns, W., "Impulse für das Temperieren," *Plastverarbeiter* April (2004) Hüthig Publishers.

[2] Martin K., "Konzepte für die Werkzeugtemperierung," *Kunststoffe* November (2002) Hanser Publishers, Munich.

[3] Gries, H., "Heiß und Kalt," *Kunststoff* Trends March (2002).

[4] Mennig, G., Thiemel, P., *Mold-Making* Handbook (2003) Hanser Publishers, Munich.

[5] Gries, H., "Mit High-tech Anwendungen in globalen Wettbewerb erfolgreich," *Kunststoffberater* September (2010) Giesel Publishers.

第6章 特殊模具设计

6.1 叠模

叠模（又称叠层模具，原理见图6.1）同时由两层分型面生产注塑件，而传统的单层分型面模具只能从一层分型面取出产品。这就意味着叠模生产的产品数量几乎翻倍。

原则上，叠模（见图6.2）由两套顶出系统和一组中置的套板组成。该套板系统包括热流道和左右侧的浇注系统。而热流道则由一个中心浇口套，即所谓的“潜水管”，或两套背靠背的阀针热流道浇口提供熔融塑料。

中心板的同步往复运动由齿条系统执行。而半模间的平行导向则由机床格林柱完成。鉴于叠模的自重，模板的导向和支撑十分重要。对于尺寸和体积超大的模具，中央套板与机床床身间需另加支撑。

叠模的设计通常是模块化的。这样就能使相同产品系列的模芯快速有效地更换，如不同尺寸容器的模芯。

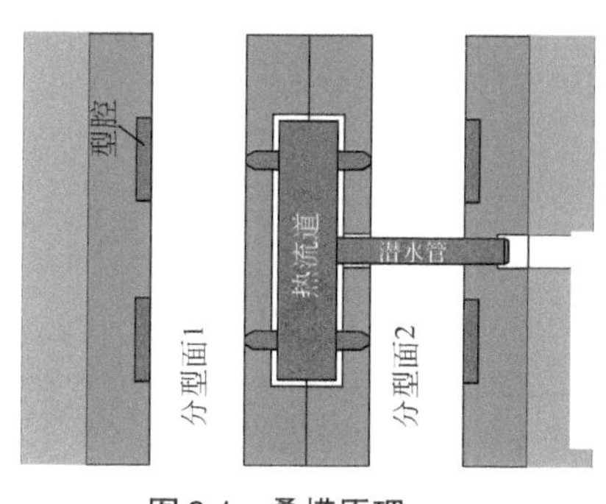

图6.1 叠模原理

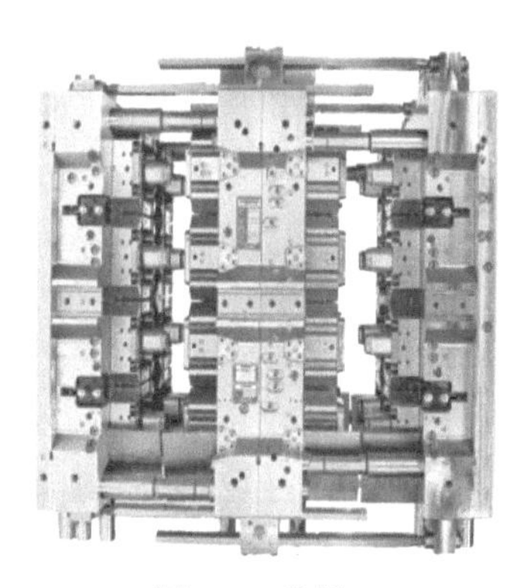

图6.2 叠模

（来源：Otto Männer Holding AG）

> 叠模用同样的锁模力可使产量翻倍。只有当大批量产品的连续生产时，使用叠模才有意义。

弹性体叠模

使用两层分型面、冷流道的叠模技术（原理见图6.3），能使产品产量增加超过70%。由于不需要增加另一台注塑机，能源消耗也显著降低。叠模的生产主要使用锁模力为3000～10000N［约300～1000吨锁模力（译者注）］的机台。

冷流道浇口的浇注系统，温度不应超过60℃。弹性体材料的生产温度必须低于其硫化温度。模具的模板、镶件和型芯的加热均为电加热。

中心分流板见图6.4。

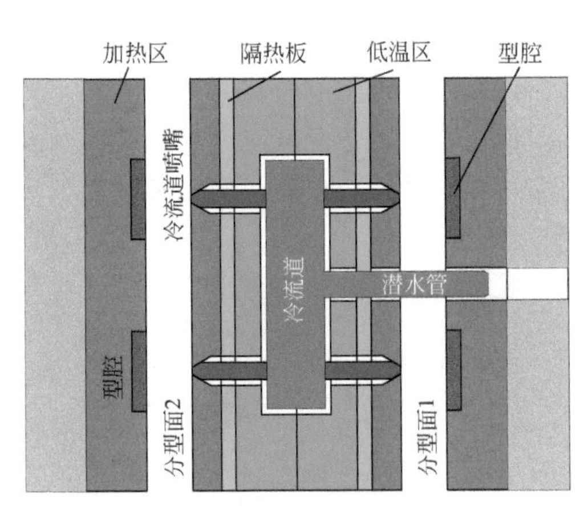

图6.3 冷流道叠模原理

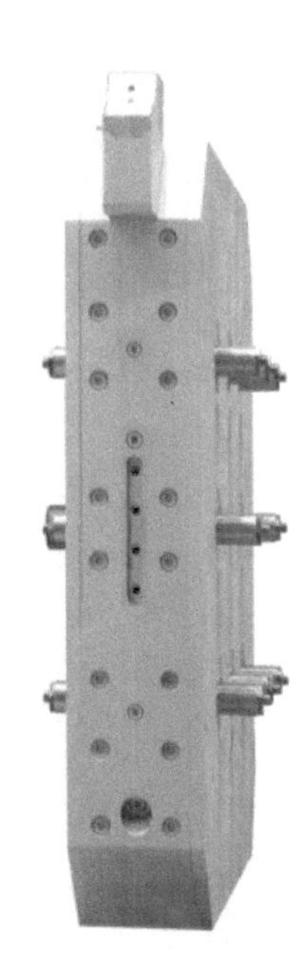

图6.4 中心分流板

（来源：Klöckner DESMA Eastomertechnik）

使用叠模，产量可增加70%，而投资只需增加30%。

6.2 多组分模具

在多组分注塑（multi-component injection molding，也称作多色注塑——译者注）生产中，不同塑料或不同颜色的塑料以不同的工艺生产出注塑产品。

近年来随着应用领域的持续扩大，多组分注塑技术变得越来越重要。日新月异的创新解决方案使多组分注塑在日渐壮大的市场中越来越具有吸引力。

多组分技术迅速成长的一个主要原因是减少生产步骤带来的潜在效益。通过运用先进的模具技术，产品的手工或自动化装配工序都可在模具内完成。从产品设计方面来看，多组分注塑技术在防止设计盗版以及赋予产品更佳的触觉效果方面都具有吸引力。

多组分注塑工艺见图6.5。

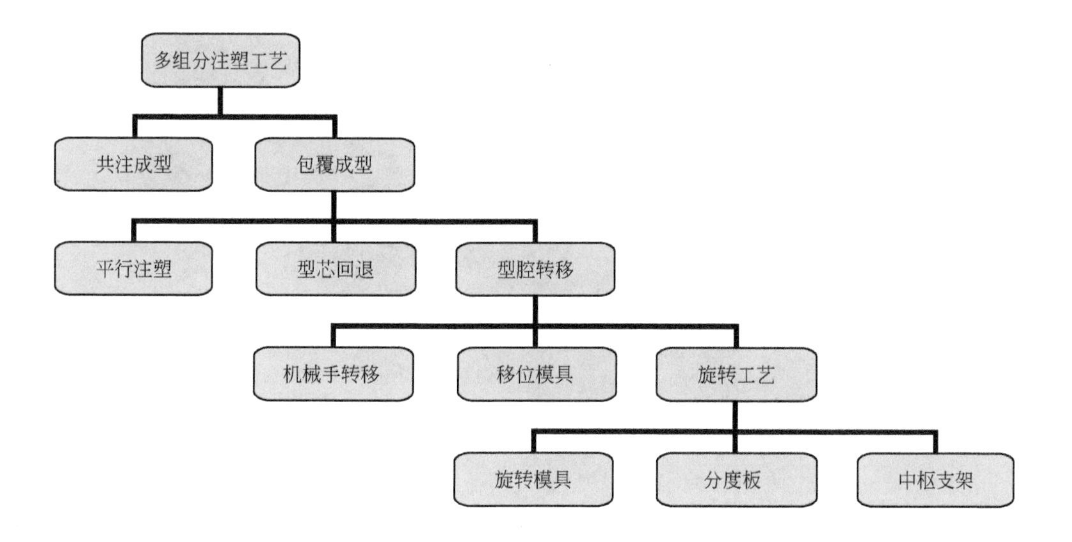

图6.5 多组分注塑工艺

6.2.1 滑块技术（型芯回退技术）

该工艺的最大优点在于第二组分进胶口位置选择灵活。只有当预塑件（即第一组分塑料——译者注）型腔中的滑块回抽后，第二组分塑料才能进入预塑件里腾出的空间。

使用型芯回退（原理见图6.6）技术，可用兼容的材料组合生产出紧密连接的产品。即在第一组分固化前，就注入第二组分材料，模具则不需移动或打开。

由于注塑过程中的快速衔接，产品中两种组分间的连接是很均匀的，而真正几何形状的紧密相扣则是由第二组分实现的。在熔融状态下，第二组分塑料很容易渗入到第一组分的缝隙中。该技术既简单又节省空间。

因为型芯回退工艺中不能实现平行注塑，所以两种材料的注塑时间是叠加的。不同组分的顺序注塑增加了总的成型周期。由于这个缺点，型芯回退法已经使用得越来越少了。

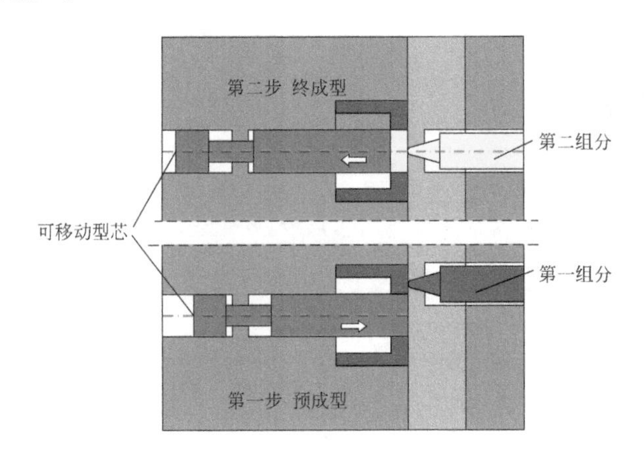

图6.6 型芯回退原理

有了型芯回退法，不兼容的材料组合能简单而紧凑地形成固定连接。这种具有成本优势的解决方案因其成型周期较长，一般仅用于小批量产品的生产。

6.2.2 转移注塑工艺（机械手转移）

当注塑件需要包覆成型时会使用转移注塑工艺。预注塑和最终注塑的位置可以左右或上下排列。机械手转移预塑件并抓取成品。

与型芯回退工艺类似，这种模具因无需进行旋转动作，故结构并不复杂。其优点是两种材料可以同时进行注塑，和型芯回退法相比，它将极大地缩短成型周期（见图6.7）。

转移注塑工艺还包括：在一台机器上预注塑成型某产品，接着将此预塑件取出，在另一机台上与另一材料完成嵌注成型。

预塑件嵌注至另一型腔的工艺可靠性非常关键。根据经验进行的机械手调整过程相当复杂。需要有一套精确可控的机械手装置来保证预塑件在最后工位的准确定位。

转移注塑工艺充分利用了现有模具面板的面积，但它不适合生产几何形状非常精细的注塑件。

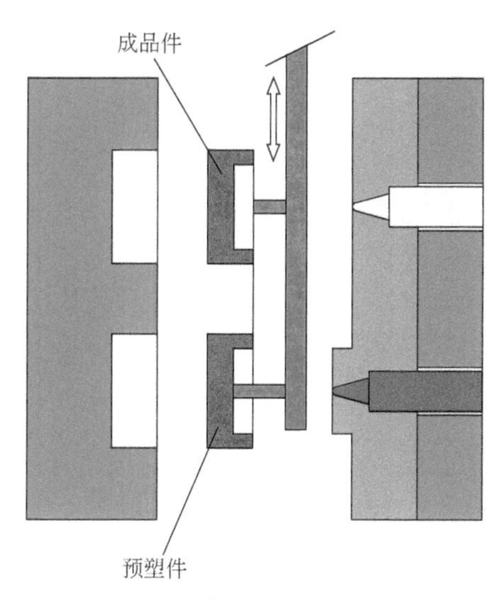

图6.7 转移注塑工艺原理

在转移注塑工艺中，模具不需要旋转。产品转移由外部或内部机械手完成。注塑在所有型腔中同时完成。

6.2.3 分度板模具

分度板集成在动模板上，并可以旋转。模具打开后，分度板将预塑件转移到模具的下一工位，注塑出最终产品。

在分度板模具（原理见图6.8）的两块模板中，加入了第三块可旋转的模板。该板可围绕中心轴旋转。分度板先由动模侧顶出释放，然后围绕中轴旋转到第二工位。齿条带动的旋转运动由液压马达或伺服电机驱动，其精度可达几十微米。

分度板升起旋转并回落后，型芯将在动模侧重新回位。然后，模具闭合，下个注塑周期开始。而在第二工位上，预塑件与另一组分塑料进行嵌注。

分度板的旋转可以是2×180°或3×120°。第三工位常用来冷却或取出注塑件。热流道在分度板模具里使用得很有限。

分度板模具见图6.9。

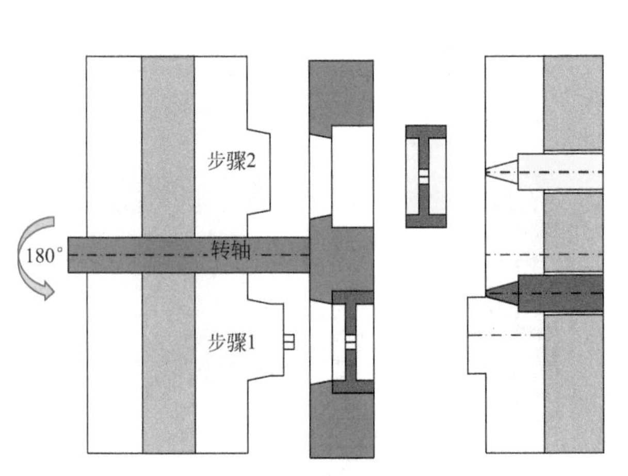

图6.8 分度板模具原理

（来源：Zahoransky Group）

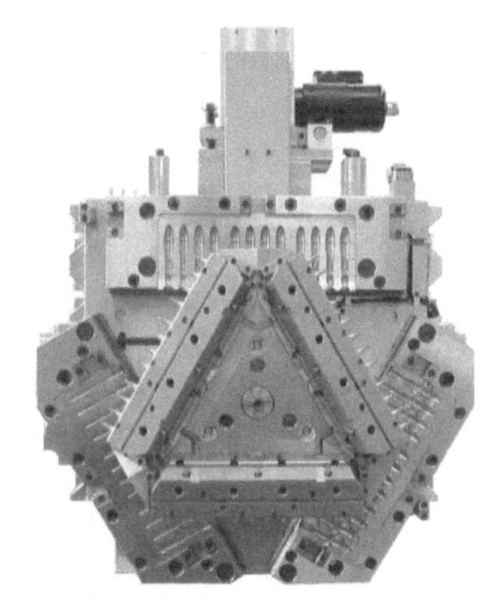

图6.9 分度板模具

（来源：Zahoransky Group）

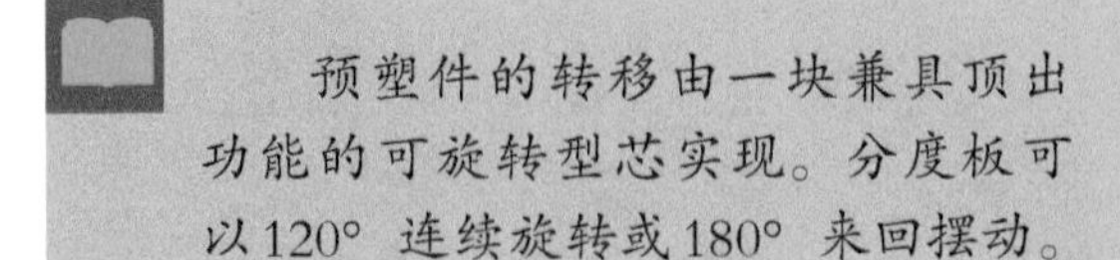
预塑件的转移由一块兼具顶出功能的可旋转型芯实现。分度板可以120°连续旋转或180°来回摆动。

6.2.4 中枢支架模具

中枢支架系统与分度板技术类似。分度板可简化成一长条板或一个交叉十字形。中枢支架只将注塑件旋转到下一工位而不旋转任何模具机械部件。注塑件在转移时由可伸缩式型芯、顶针或棘爪固定。

前面讨论的分度板被简化成为一个中枢支架，带着注塑件旋转，紧接着进行注塑。中枢支架模具通常会使用热流道系统。它与分度板系统相比较的一个优点是旋转系统的自重较小，可以快速旋转或摆动，从而极大地降低了系统的成型周期。

注塑件的成型可以由注塑侧或顶出侧完成。它在移位时由可伸缩式型芯抓取，再从一个中心孔处顶出。

中枢支架原理见图6.10，中枢支架模具见图6.11。

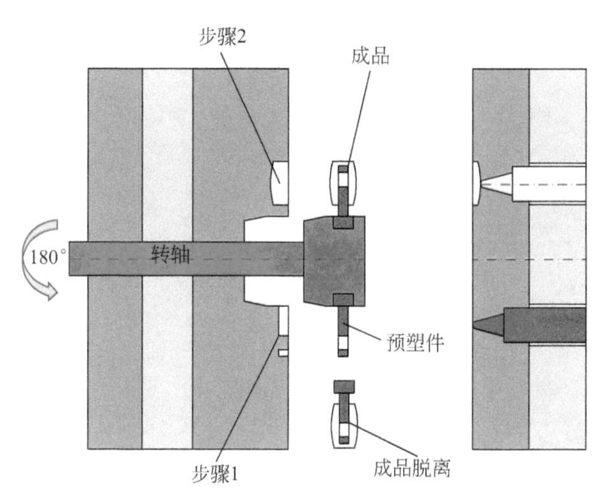

图6.10 中枢支架原理

图6.11 中枢支架模具

（来源：Zahoransky Group）

在中枢支架模具里，注塑件转移时由可伸缩式型芯抓取至下一工位。该系统自重轻，可以快速转动或摆动。

6.2.5 转盘系统

使用转盘系统的多组分模具在塑料行业的各个领域都得到了广泛应用。根据不同的应用场合，转盘可由液压或伺服马达驱动。

使用转盘系统是模具从一个射胶位置转动到下一射胶位置最有效的解决方法，模具的转动由转盘完成，模具变得更为简单。

根据注塑组分的数目，转盘的定位可分为4×90°、3×120°或者2×180°。其中最为简单的是转盘向左或向右转动180°。动模可沿一个方向连续旋转的特点尤其适合多工位模具。由于模具需要连续旋转，不允许有电缆和软管连接，冷却水和液压油的供应会变得相当复杂。

与其他多组分模具相比，转盘系统的一个缺点是所需的注塑机占地较多。通常转盘系统的机台导轨长度需要增加200mm，而且导轨间距离需要增加50～100mm。

由伺服电机驱动的转盘系统见图6.12。

图6.12 由伺服电机驱动的转盘系统

（来源：FOBOHA GmbH）

相比其他转移注塑技术，转盘模具中的预塑件在最终工位上定位更准确，型腔结构设计也可以有更多的变化。

6.2.6 斗式升降模具

从广泛意义上来说，斗式升降模具和转移注塑技术的工作方式类似。产品由一个集成螺杆机构转移到下一个注塑工位。

该模具技术的亮点是所使用的多组分注塑机不需要特殊规格。模具会比旋转模具稍长，但却不需要旋转。这样就不需要放大模板，也不需要增加注塑机导柱长度。

预塑件通过一根螺杆移动到下一工位。接着，产品进行注塑并被转移到模具外的卸料工位。机械手在注塑阶段内取下成品，而注塑周期不会受到影响。卸空的半模又被传回注塑工位。在模具打开阶段，第二根螺杆将半模从卸料工位送到预塑工位。这样斗式升降周期完成，新的循环重新开始。

斗式升降模具见图6.13。

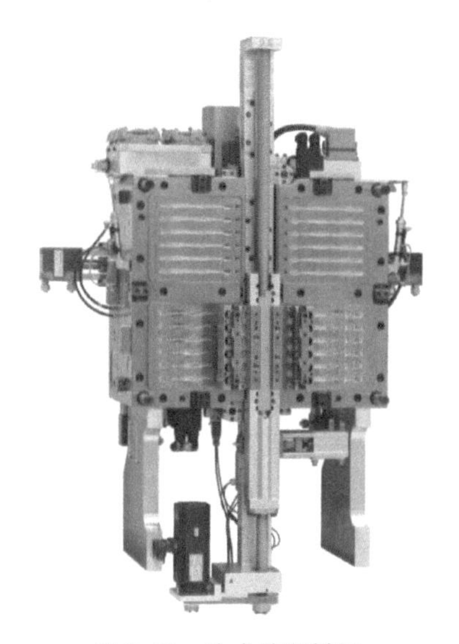

图6.13 斗式升降模具

（来源：Zahoransky Group）

斗式升降模具不需要旋转。只需要使用标准的多组分注塑机。每个成型周期中，预塑件和成品同时进行注塑，成品在模具外的卸料工位取出。

6.2.7 立方叠模技术

立方叠模技术相比其他模具技术的优势在于使用同样大小的机台，模具的型腔数可以翻倍。换句话说就是，对于相同的订单量，机台的尺寸几乎可以减半。

6.2.7.1 立方旋转叠模技术

应用旋转叠模技术时，模具的旋转由可水平旋转的中心模块完成。

预塑件首先在第一分型面成型。开模时，预塑件保留在中心旋转模块上。当模具完全打开后，中心模块旋转180°至第二分型面。再次合模后，第二组分塑料被注射到含有预塑件的第二型腔内。

应用4×90°旋转的立方叠模，第二工位（操作者侧）和第四工位（非操作者侧）可同时进行二次加工。例如，第二工位用于注塑件的冷却而第四工位则用于机械手抓取产品。两个工序同时进行操作而成型周期不会受到影响。或者，第二工位也可用来进行机内或机外装配（模内装配）。

立方旋转叠模技术原理见图6.14，立方旋转叠模见图6.15。

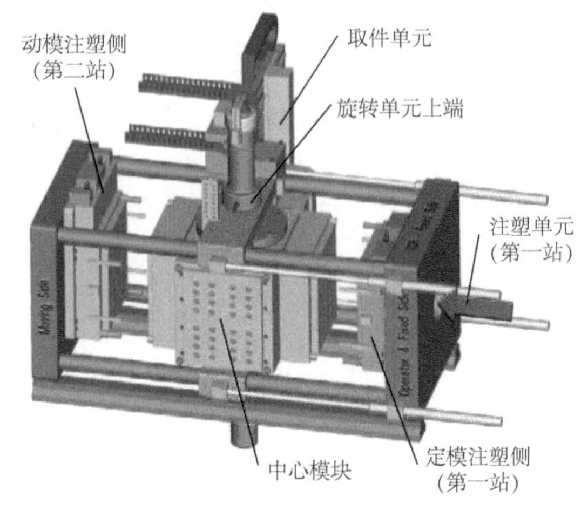

图6.14 立方旋转叠模技术原理

（来源：FOBOHA）

图6.15 立方旋转叠模

（来源：FOBOHA）

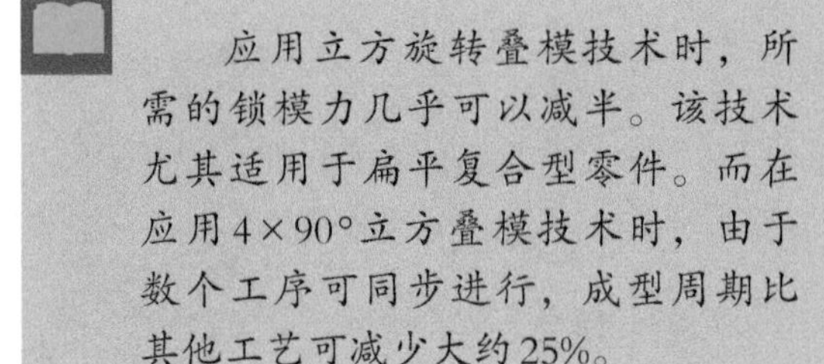

应用立方旋转叠模技术时，所需的锁模力几乎可以减半。该技术尤其适用于扁平复合型零件。而在应用4×90°立方叠模技术时，由于数个工序可同步进行，成型周期比其他工艺可减少大约25%。

6.2.7.2 双立方旋转叠模技术

双立方叠模是在动定半模间，另外配置两副旋转叠模。从原理上看，双立方叠模像两副独立模具在同时工作。它有三个锁模面，所有成型过程同时进行，这样生产复杂零件的效率很高。

与传统模具相比，当装配工艺需要转移到模内进行时，双立方叠模具有很大的优势，成型周期也将大幅度降低。装配加工可以在进行注塑的同时进行。

越来越多的装配工艺已经转移到模内进行。因为模内装配的产品精度更高。

双立方叠模的首选应用领域有包装、医疗和汽车工业。用一道工序，可以实现两个或多个包装部件的整合。

双立方旋转叠模原理见图6.16，双立方旋转叠模见图6.17。

图6.16 双立方旋转叠模原理

（来源：FOBOHA）

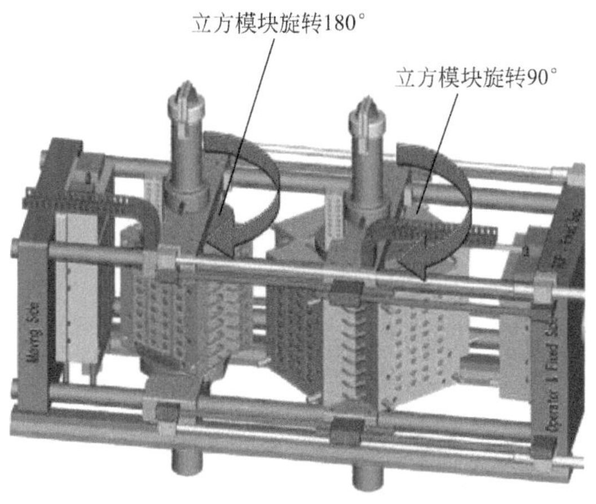

图6.17 双立方旋转叠模

（来源：FOBOHA）

将部件装配工序转移到模具内完成，既降低了机外装配的费用，也避免了占用投资和场地。由于相对应的型腔互锁，保证了产品可获得很高的精度。

与后续外部装配相比，模内装配可满足很小的公差，因此产品的质量也可得到很大提高。

6.2.8 顺序叠模

顺序叠模（原理见图6.18）是两套模具相背而连，塑料依次先后填充各个模腔，并循环开模。

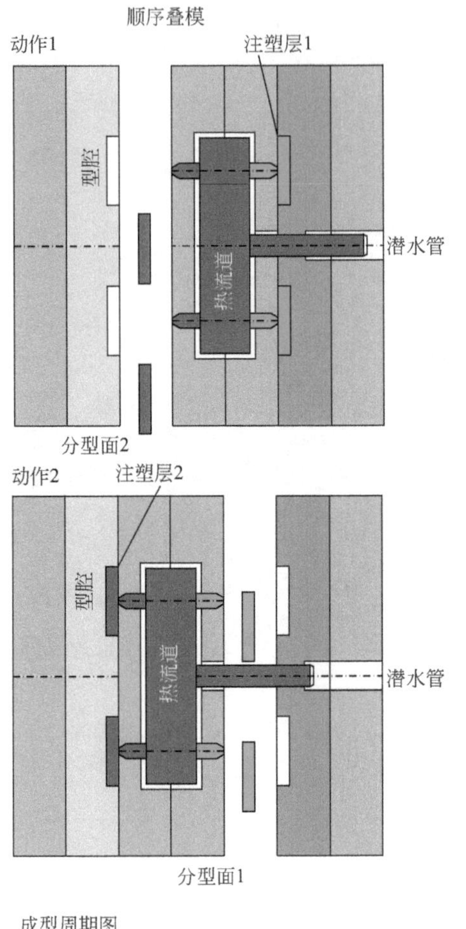

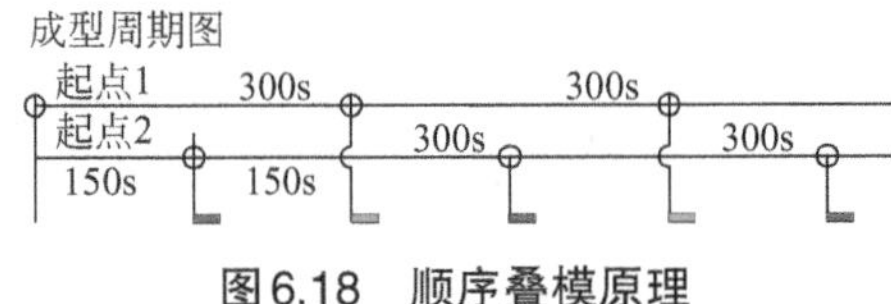

图6.18 顺序叠模原理

在普通叠模里，分型面上的型腔相背而立，每次注塑时同时填充，开模时成品同时脱模。

然而顺序叠模中分型面交替打开。就是说，当一半模具冷却时，另一半模具正好脱模并重新注射。在模具冷却这段闲置时间里，可做下一段注塑成型。两副半模顺序工作，便可生产同一产品系列的不同注塑件。因此，注塑机必须配置特别的程序，以提供各分型面所需的适量塑料。

冷却时间较长的厚壁零件也特别适合该项技术。

外挂的边锁机构使得两副半模可以交替运行。边锁的作用类似于齿轮齿条系统。运用一块适配板，便可将两套现成的模具转化成一套顺序叠模。

在标准注塑机上使用顺序叠模，生产率可以翻倍。它可以依次循环生产一个产品系列的不同注塑件。

6.2.9 热固性塑料和弹性体的多组分模具

在热固性多组分模具中，热固性塑料很少与热固性塑料配对，多数情况下是由软硬不同的两种材料配对使用。然而，也有热固性塑料与耐高温热塑性塑料的组合例子。热固性塑料和弹性体多组分工艺见图6.19。

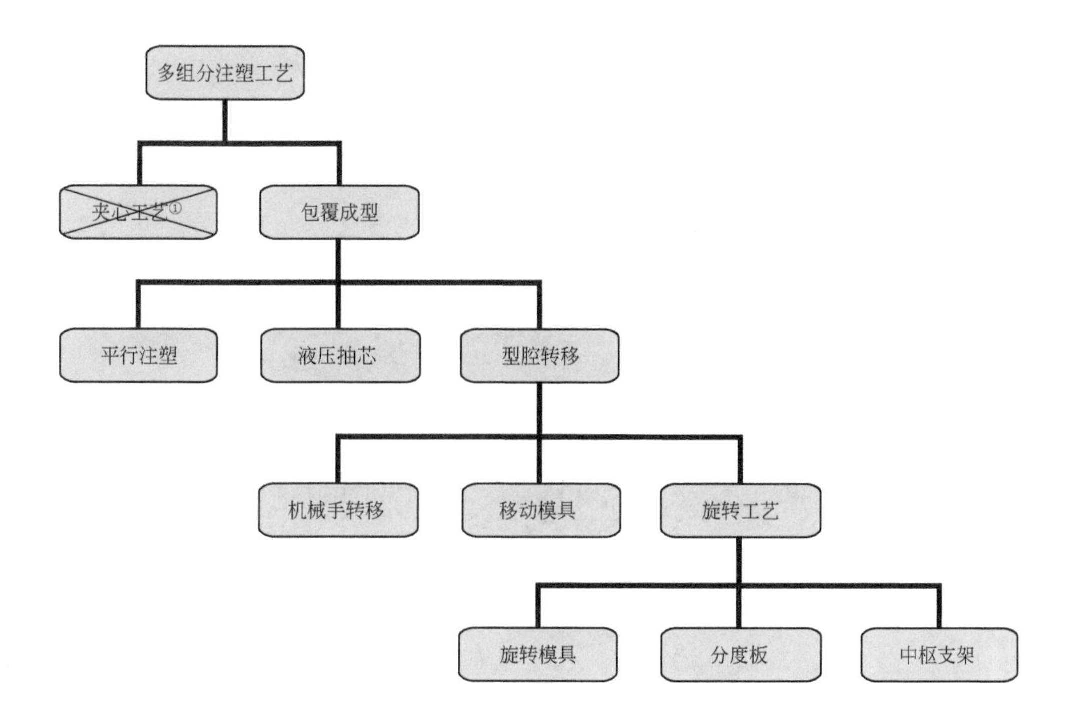

图6.19 热固性塑料和弹性体多组分工艺

① 仅限于热塑性塑料

弹性体可以和热塑性塑料以及热固性塑料结合。在这两种情况下，预塑件都应为硬质塑料。

热固性塑料和弹性体的结合多用于发动机领域。这两种塑料均具有热稳定性好、耐机油和耐燃油的特点。因此材料分类非常相近的热固性塑料和弹性体［通常为丁腈橡胶（NBR）］可以很好地结合在一起。这两种材料用加热模具生产时的温度也在同一水平。它们的不同点在于热固性塑料需要硬化处理而弹性体则需要硫化处理。

软硬塑料结合可用来改善触觉或吸收振动。通过软硬塑料结合改善触觉的例子有小型设备，如手动钻、焊接枪或吹风机。在汽车工程和发动机技术中，这样的结合可用来有选择性地吸收振动。

多组分产品见图6.20。

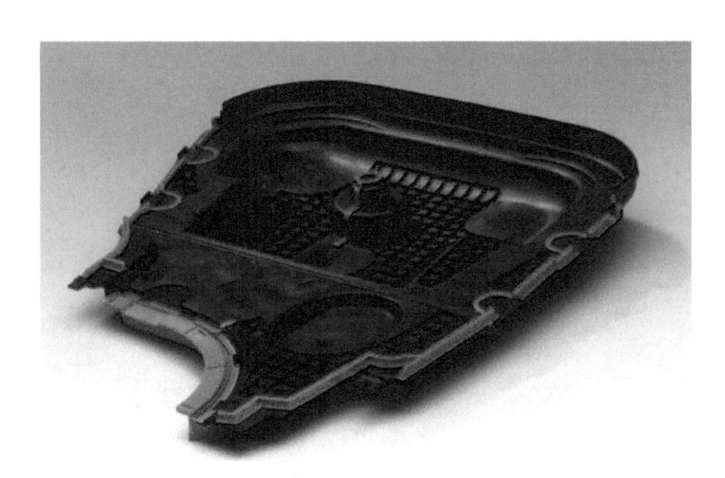

图6.20 多组分产品

（来源：Ferromatick Milacron）

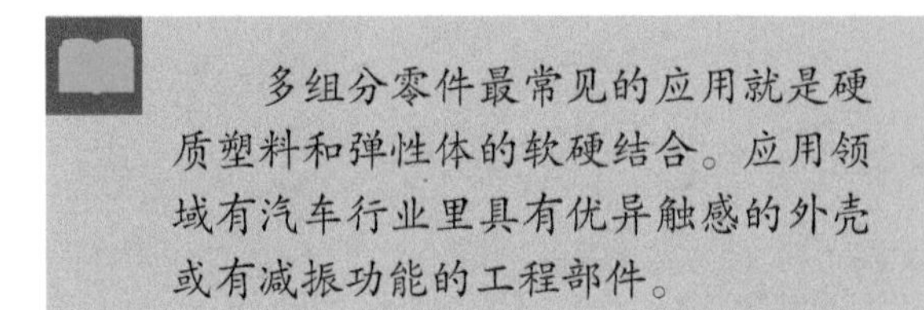

多组分零件最常见的应用就是硬质塑料和弹性体的软硬结合。应用领域有汽车行业里具有优异触感的外壳或有减振功能的工程部件。

6.3 薄壁模具

薄壁模具（原理见图6.21）基本上都是用于包装行业的高速模具。注塑件的典型壁厚小于1mm。

薄壁技术对模具有特别的要求。由于生产产品的周期快、产量高，所以模具钢材的选择、型芯的对中定位和注塑时的排气都尤为重要。

例如，多腔模上应用基座较大的所谓浮动式型芯，它能够补偿由于型芯发热而造成的热膨胀。模架须由预硬钢制作，而模具镶件（定模型芯和型腔）则需完全淬火。

成型周期较短的注塑件，其质量要点在于注塑阶段的排气效率。根据产品的不同，高速注塑中产生的气体须在0.1s内排出型腔。因此型腔周围的分型面必须设有排气槽。经验显示，（0.5 ～ 1）$\times 10^{-2}$mm深、3 ～ 4mm宽的槽可以满足气体的排出需要。如果排气方面考虑不够，塑料材料则有被烧焦的危险。

薄壁零件在包装和通信行业里随处可见。典型的应用有壁厚不足1mm的包装盒如酸奶杯、黄油盒、冰激凌盒、手机外壳和壁厚只有约0.4mm的植物包装盒。

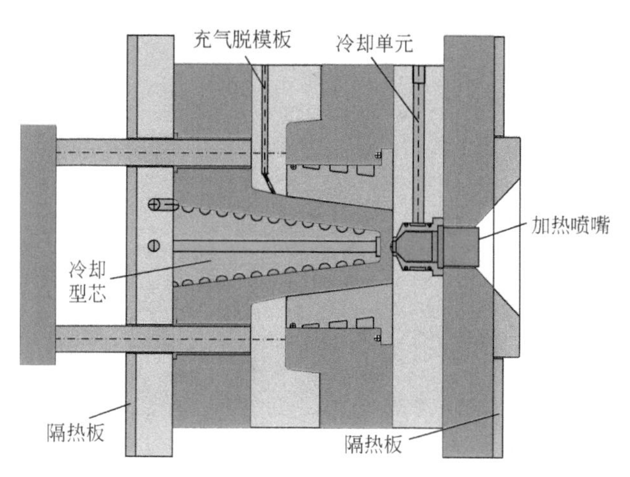

图6.21 薄壁模具原理

壁厚不足1mm而流长壁厚比为150 : 1的薄壁包装产品可由薄壁模具生产。当然，流长壁厚比高达450 : 1的薄壁注塑件也在该特殊设计的范畴内。

6.4 嵌件注塑技术

在嵌件注塑技术中，非塑料材料，如金属件，常常被置于模具内，由塑料包覆成型。

大多数情况下，嵌件注塑都在立式注塑机上进行。这些机台常常配有一个可移动或转动的工作台。这类模具的基本形式是由一个上半模和数个下半模构成。因此，它可在机台合模时取出成品，同时将新的嵌件植入已虚位的下半模，从而避免成型周期的损失。

嵌件注塑技术最复杂的部分，是如何进行嵌件自动供料，并将通常为金属的“非塑料件”固定在模具中。运用合适的机械手装置，该过程可全自动化完成。

嵌件上经常会加有倒扣、凹槽和滚花，它们是为了保证和塑料的永久咬合。

常见的电气和医疗技术应用有螺纹导套、插头触点、电缆线、螺丝刀手柄以及皮下注射针，都是嵌件注塑的典型产品。

嵌件注塑样品零件见图6.22。

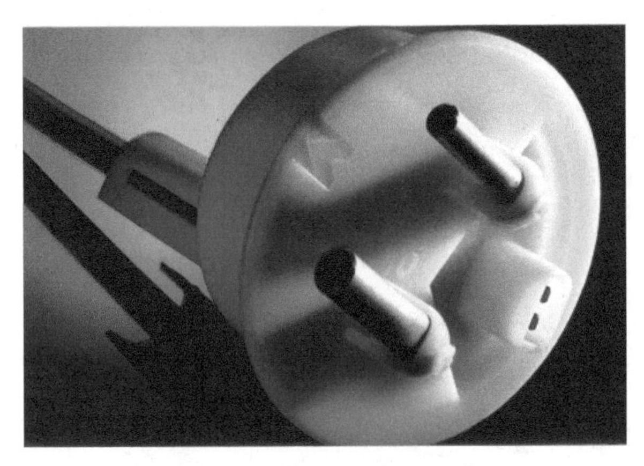

图6.22 嵌件注塑样品零件

（来源：Ferromatik Milacron）

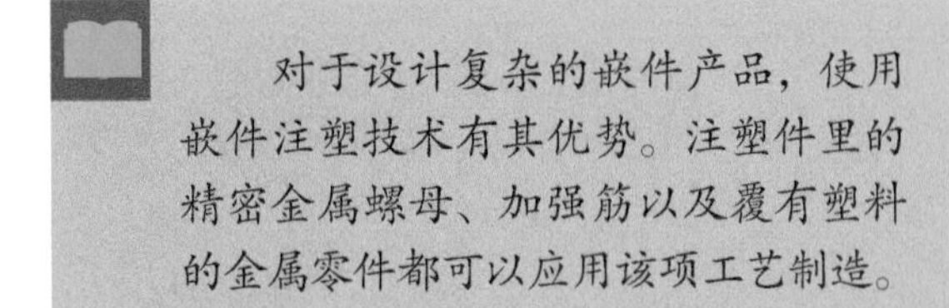

6.5 流体辅助注塑技术

6.5.1 气体辅助注塑

运用气体辅助注塑（GIT）技术生产壁厚产品时，可将气体充入塑料件内部形成中空。注塑件因而变得更轻巧更稳定，而且冷却时间也大为减少。

相关的注塑工艺通常分为三段：注射、保压和冷却。使用气辅技术时，保压由气体压力完成。其过程类似于吹胀一个气球。注塑件内部形成中空，从而产生薄壁。

在气辅工艺里，需注意多个模具细节。浇注系统必须是冷流道，这样气体才能通过冷流道中心进入注塑件内。浇口截面尺寸需增大。由于氧气加压会引起塑料燃烧，因此一般使用氮气。

设备供应商能提供多种注入气体的方法。注气可由机台喷嘴或模具上多个独立喷嘴完成。

流体辅助注塑技术生产的注塑件见图6.23。

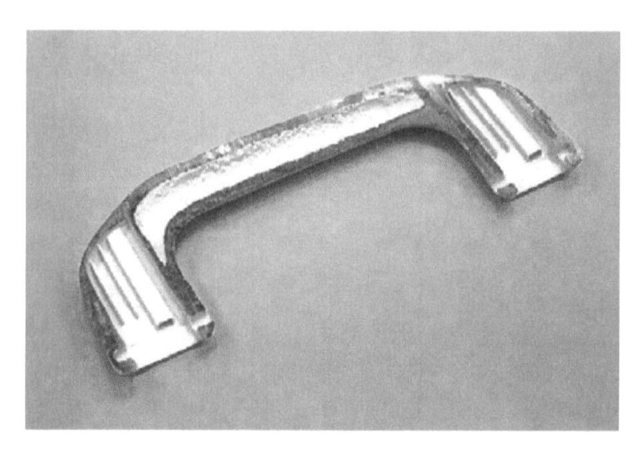

图6.23 流体辅助注塑技术生产的注塑件

（来源：Ferromatik Milacron）

流体辅助注塑的优点有：产品设计自由度大、厚壁注塑件成型周期短、产品机械强度高、收缩均匀、残余应力和翘曲变形小、缩痕减少以及脱模力小等。

6.5.1.1 部分填充工艺

在部分填充工艺中，原料部分填充注塑件后，注入气体推挤原料，并完成填充过程。此后气体压力将维持到注塑件的尺寸稳定为止。熔料固化后，气压即可下降，气体可以排放到大气中。也有新型系统可将气体回收再利用。

由于气体是由机台导入的，因而所有有冷流道的模具均可使用气体辅助注塑技术（GIT）。

有了气辅技术，便可制造汽车油门踏板、车门把手或抓手、雨刮器、晾衣架等厚壁产品。

部分填充注塑原理见图6.24。

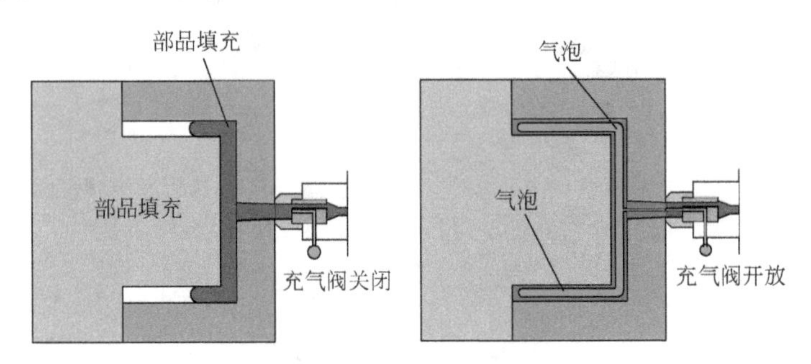

图6.24 部分填充注塑原理

6.5.1.2 次级型腔工艺

次级型腔工艺中，注塑件也得到100%的填充。部分原料会被挤入一个已开放的所谓次级型腔中。模具必须专门制造，并且不能使用热流道。

次级型腔工艺原理见图6.25。

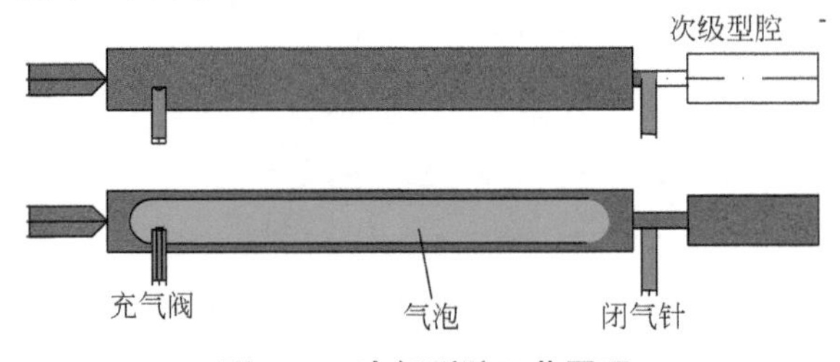

图6.25 次级型腔工艺原理

> 以上两种工艺可以利用有冷流道系统的标准模具。由于模具中缺少气体注射器，于是需要配备昂贵的配有气体注射的喷嘴。制作的产品上会留有气体切换时的滞流痕迹。

6.5.1.3 塑料回填工艺

塑料回填工艺（见图6.26）需要的模具比较特殊。注塑件首先要完成填充，然后开始注气。关键是挤出的原料需要回到注射单元里去。

在回流的通道上，塑料回流量可以得到控制。尽管回填工艺具有无原料损失和无切换痕迹的优点，但它也不是任何情况下都可以使用的。

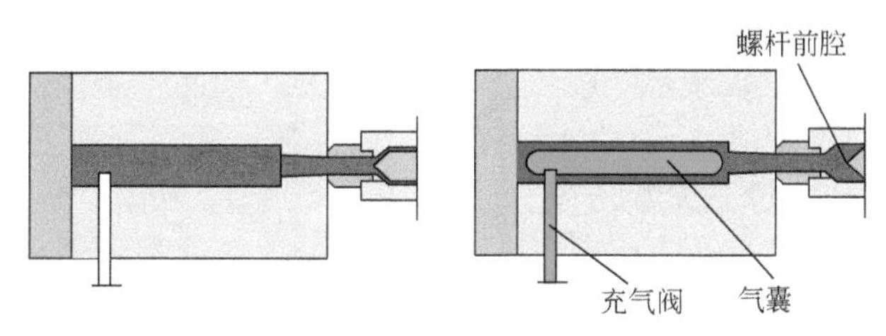

图6.26 塑料回填工艺

6.5.1.4 型芯回抽工艺

型芯回抽工艺（见图6.27）主要用于零件的厚壁部分需要局部撑开的情形。

典型应用领域有手柄和洗衣筐，它们的产品厚度差异很大并有翘曲和变形的趋势。

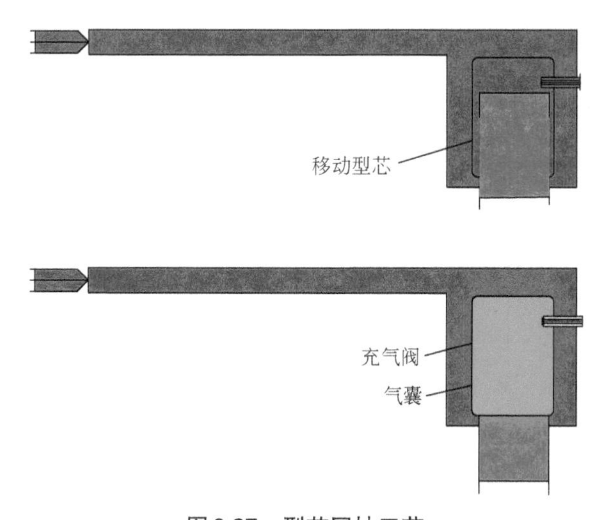

图6.27 型芯回抽工艺

6.5.2 水辅注塑技术

水辅注塑技术（WIT，原理见图6.28）优于气辅技术的地方在于：通过缩短冷却时间降低了成型周期，生产的空心产品减少了塑料原料的使用，而且生产中不使用气体。

在水辅注塑技术应用中，水流像活塞一样推挤熔体。水和熔体间界面上的自发冷却，会形成熔胶固化的薄膜层。水流挤开前端尚未凝固的熔体，形成薄层塑料。多余的熔体通过一个次级型腔被推回螺杆前腔。之后水通过注水口或内部自动循环系统在成型周期内排出。

注水嘴是水辅设备和模具间最重要的连接部件，根据不同的应用可选择不同形式的注水嘴，以期在最佳位置将水注入产品。

在零件曲率变化急剧的区域，水辅法会造成较大的壁厚差异，因此要避免零件曲率的急剧变化。

应用水辅工艺可以生产多类产品，尤其适合中空类产品，如汽车把手、踏脚板、家用电器、办公室家具和体育器材。

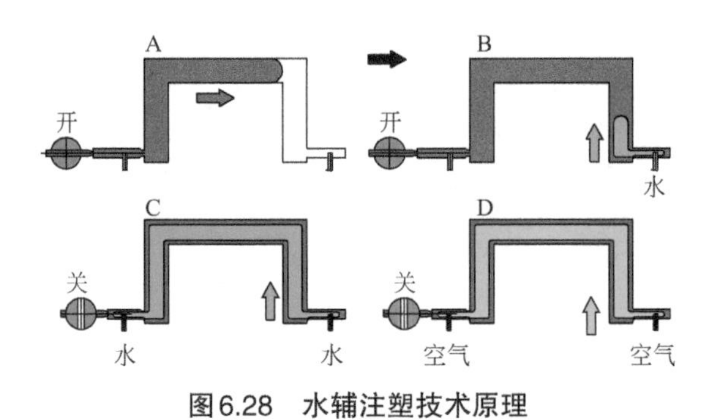

图6.28 水辅注塑技术原理

阶段A—熔胶填充型腔；阶段B—水流引入；阶段C—水流充满产品；阶段D—用空气排水

与气辅注塑技术相比，水辅注塑技术有显著的优点，其成型周期短，中空零件壁厚薄并且残余应力低。

6.6 推拉式注塑模

在推拉式注塑模具中，一种塑料的两股熔料流被相向注入模具。

如果塑料件上设有两个或更多的浇口，产品会由于存在熔接线而强度变弱。两股料流在模具中相遇时会出现熔接线。尽管两边边缘部分会互相渗透，但还是会造成该处结构性的损伤。

通过推拉注塑成型过程中塑料的相向流动，可以防止熔接线的形成。模具型腔设有两个浇口，最理想的浇口位置是在模具相对的两侧。

注塑单元1通过浇口1填充模腔，从而将塑料通过第二浇口压进注塑单元2。

推拉过程开始后，注塑单元2再次对注塑单元1注射，将材料通过注塑件推回注塑单元1。

该过程重复进行，直到没有熔接线的产品成型。

推拉注塑工艺（原理见图6.29）显著改善了含玻璃纤维材料和新材料产品的质量，如液晶聚合物（LCP）和聚醚醚酮（PEEK）。

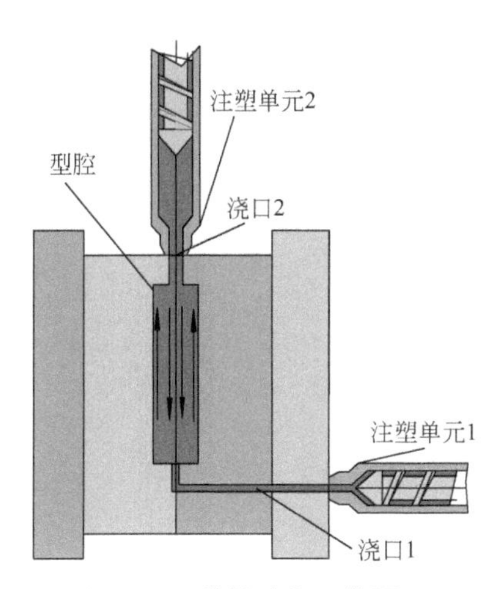

图6.29 推拉注塑工艺原理

推拉注塑成型可用来消除熔接线，从而避免注塑件加载后破裂。

6.7 植入注塑成型

植入注塑成型技术（原理见图6.30）和级联注塑成型工艺类似，但却是用两种塑料注塑成型的。

当某大面积注塑件上面或当中需要注射另一种原料时，植入注塑成型便可派上用场。只有当第二种原料不需要明确边界时该技术才能使用。两种原料在何处汇合取决于第二种材料注射的时间延迟量。因而，两种物料的边界位置不是确定的。

此类模具结构相对简单。与传统级联模具的唯一区别是它装有用于第二种原料的另一套热流道。尽管两种物料的分界线是随意出现的，但它仍然是一种双组分注塑工艺。另外植入注塑成型不需要转盘。

典型应用领域有发动机罩盖，它需要吸振和弹性支撑。

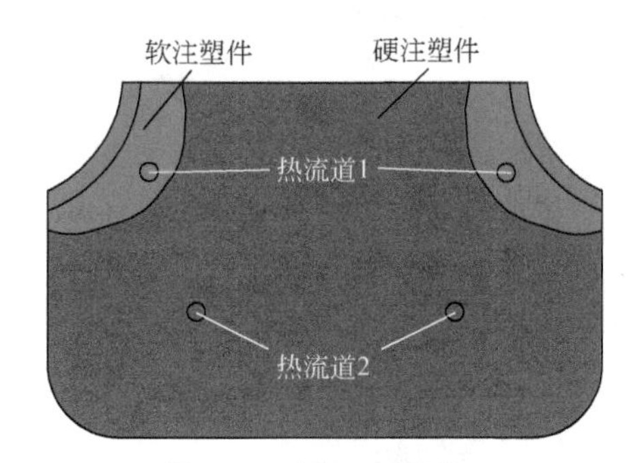

图6.30 植入注塑原理

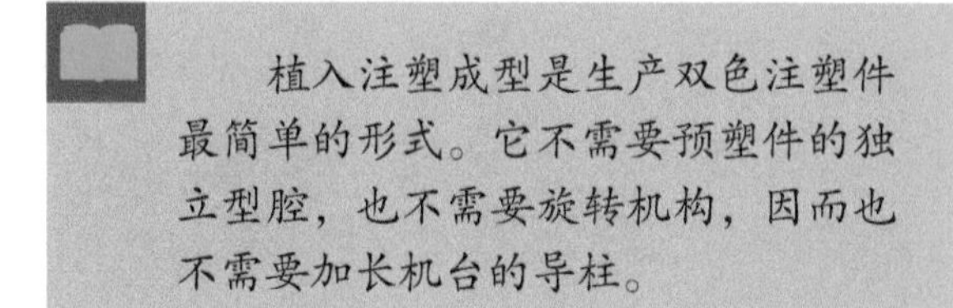

植入注塑成型是生产双色注塑件最简单的形式。它不需要预塑件的独立型腔，也不需要旋转机构，因而也不需要加长机台的导柱。

6.8 模内贴标工艺

薄壁塑料包装产品和借记卡是模内贴标工艺（IML）的主要应用领域。通过在模具内放入预印刷的薄膜，使用一个步骤完成注塑件贴标的生产。

在模内贴标工艺中，预冲成型的装饰标签被放入模腔进行背注（即从动模侧注入塑料——译者注）。标签由机械手从标签库供应到模具型腔中，标签由机械手抓手真空吸取，并由真空或静电固定在模腔中。

进胶口处由于摩擦带来的高温可能会损坏标签，因此模具设计应考虑选用适合的针阀系统。

标签需要有一定的硬度，便于稳定抓取。标签厚度应为50 ～ 80μm。

模内贴标注塑件见图6.31。

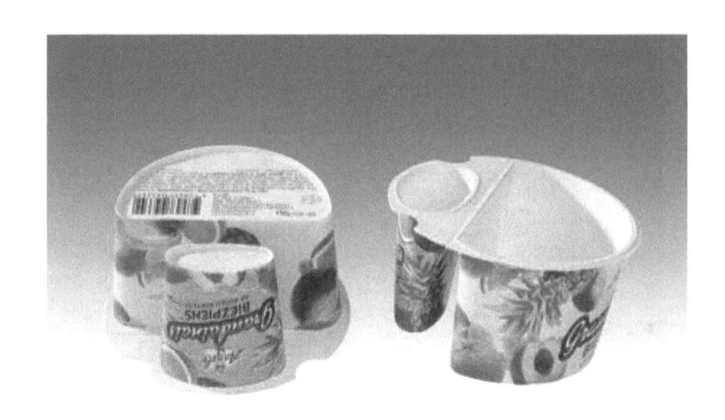

图6.31 模内贴标注塑件

（来源：H.Müller Fabrique de Moules S.A.）

模内贴标工艺消除了注塑后的标签印刷和粘贴工艺。标签背注后注塑件的强度有所提高，这使得薄壁包装产品的壁厚可以适当减少。另外标签的切换也很方便，不需要中断生产。

6.9 级联注塑工艺

级联注塑（原理见图6.32）中，热流道浇口一个接着一个分级进行填充。

该技术适用于塑料流动路线长或需加工高黏度塑料的情况。

塑料流动线路被分割成数段，每段都由一个针阀式热流道喷嘴注射。级联注塑中的多个热流道喷嘴不是同时注射的，而是一个接着一个顺序打开和关闭的，注塑件的填充也是一段接着一段进行的。

原料持续流动，直到注塑件全部填充，保压开始，并均匀加载到每个喷嘴上。

塑料流动路径上的产品壁厚和塑料的熔融指数（MFI）决定了模内压力的大小。该压力乘以注塑件的面积，就可计算出需要的锁模力（参照1.4节　模具的张力）。由此得出，机台锁模力总是等于正在注塑的产品张力。

级联注塑多用于汽车产品的制造。典型产品有保险杠和尾架。级联注塑并不适用于制造光学产品，因为产品上容易显现压力切换的痕迹。

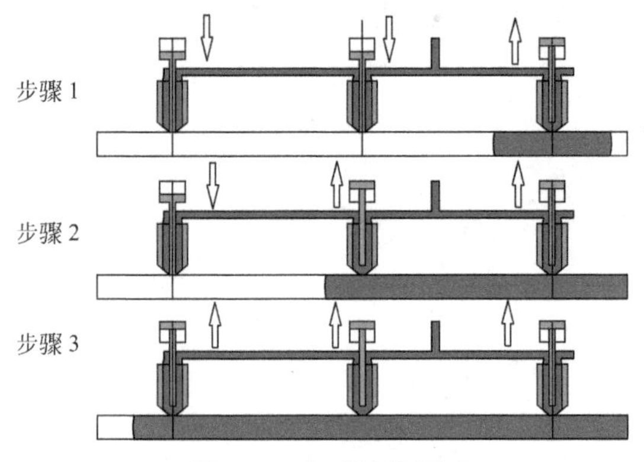

图6.32　级联注塑原理

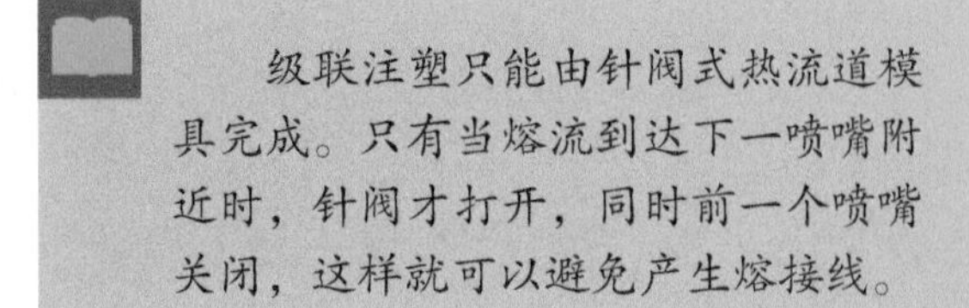

6.10 熔芯注塑技术

具有中空复杂几何形状的产品可以用熔芯技术生产，这时模芯不再由滑块抽出。

该方法中的型芯，也就是注塑件的内腔，由铋合金压铸而成。此型芯被放入模具进行注塑。

如果被塑料材料包裹且位于注塑件内部的型芯需要去除，可将注塑件浸入80℃的热水中。由于铋合金的熔点为70℃，型芯随即熔化。

熔化的合金在水槽底部结成珠状，一旦干燥后便可以重新用作新型芯。由于铋合金压铸时表面清洁光滑，注塑件内部看上去也如同抛过光一般光滑。

作为熔芯法的代替方案，可先注塑上下壳体，然后胶合或焊接。这是一个更为经济的方案。

熔芯法的一个主要应用是汽车行业的进气歧管（见图6.33）、乘用车冷却水和汽油输送部件以及泵壳体、桨轮和卫浴产品。

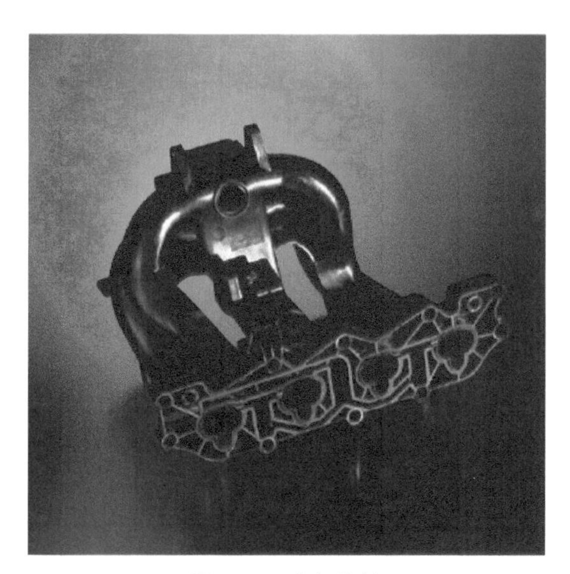

图6.33 进气歧管

（来源：Ferromatick Milacron）

熔芯注塑可生产有近乎封闭内腔的复杂部件。如果技术可行，更倾向于双半壳技术，因为其性价比更高。

6.11 特殊填料工艺

特殊填料工艺可在现有模具上实现，模具本身几乎或根本不需要修改。

6.11.1 仿大理石花纹注塑

如今，仿大理石花纹注塑仅有若干应用场合，且所有冷流道模具均可无限制地应用。具有大理石花纹效果的肥皂盒见图6.34。

图6.34 具有大理石花纹效果的肥皂盒

6.11.2 微发泡注塑

微发泡注塑工艺中，发泡气体从注塑机料筒前端被导入，通过一个混合区后在塑料内部产生微孔。所有的模具都不需添加其他装置即可使用，但热流道模具必须是针阀式的。

6.11.3 热塑性发泡注塑工艺

该工艺中，大多呈颗粒状或液态的发泡剂被加入塑料粒子中。

此应用对于壁厚20mm以上的产品颇有意义。通用的模具设计和浇口形式均可适用，而热流道系统必须为针阀式。因所需注塑压力和保压不高，模具可以用铝材制作。

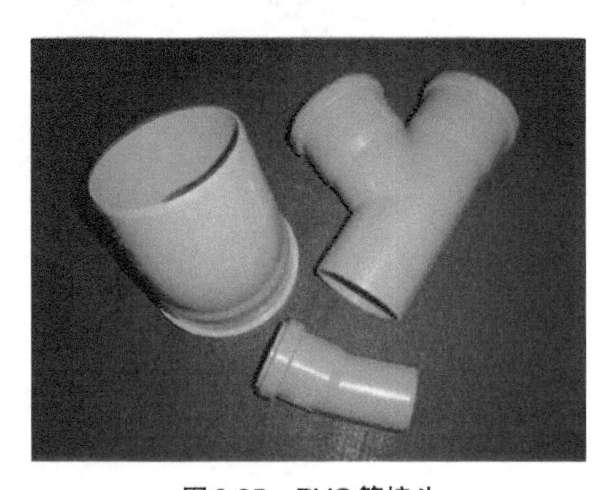

图6.35 PVC管接头

（来源：Ferromatik Milaron）

6.11.4 PVC加工工艺

聚氯乙烯加工过程中氯酸会溢出。因此，模具必须采取措施防止腐蚀。

除了热流道，其他形式的浇口都可用于PVC加工。由于PVC对剪切十分敏感，流道转角处需要有圆弧过渡。又因注塑压力很高，故只能使用硬化模具。浇口尺寸设计需要比其他热塑性模具浇口更加粗大。模具需要均匀加热至40～50℃。

PVC管接头见图6.35。

6.11.5 单夹层工艺

在单夹层工艺中，原材料由一侧向喷嘴注入螺杆。在螺杆前腔中，表皮材料和中心层材料（通常是再生材料）紧密融合。除了热流道模具以外，所有模具都可用于该工艺。用单夹层工艺制作的车门把手见图6.36。

图6.36 用单夹层工艺制作的车门把手

（来源：Ferromatik Milacron）

6.11.6 模内喷涂

模内喷涂是注塑件离开模具时就已经具有喷漆般的高光表面。这种方法用于塑料产品表面需要装饰或防划痕表层。

注塑和产品顶出均在动模完成，以保证表面没有可见斑痕。该工艺可用于所有浇口形式。

典型的应用例子有汽车保险杠、挡泥板、手机和化妆品包装。

6.11.7 模内焊接

模内焊接将两塑料半壳通过包覆成型焊在一起。为此，两塑料半壳在模具内分别注塑成型，然后由注塑连接起来，或者将半壳嵌入模具内，然后由注塑将它们焊接在一起。

6.12 微注塑模具

根据德国斯图加特精密工程设计及生产研究所的定义，微注塑成型零件和微结构部件之间是有区别的。

微结构零件

微结构零件（见图6.37）是具有正常尺寸的注塑件，但它拥有单面或双面微结构区域，综合质量仅有几克重。最为人所熟知的应用是CD和DVD的数据存储介质。

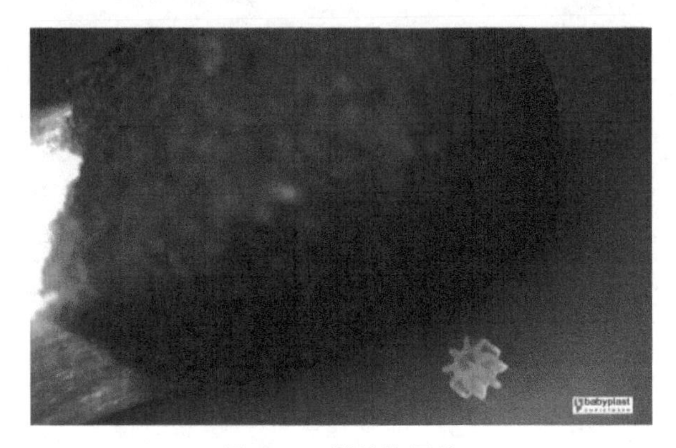

图6.37 微结构零件

（来源：Christmann, Kunststofftechnic）

微注塑零件

微注塑零件的射重为毫克级别而尺寸也只有毫米级别。如此微小的型腔几乎不可能用传统的方式加工，如铣削或电腐蚀加工（EDM）。型腔只能用电镀或蚀刻进行加工，尤其适用于X射线LIGA工艺的加工（平版电镀法）。

塑料材料和模具的温度对微注塑产品的质量有着决定性的影响。模具需要有附加的加热器加热，注塑完成后型腔冷却至脱模温度，该过程被称为变温过程控制。生产高质量产品的另一个重要标准是注塑过程中型腔有良好的排气。如果这点不能保证，则材料会被烧焦并形成黑点。

微注塑零件特别适用于手表行业、通信技术、医疗及生物技术以及传感器技术领域。

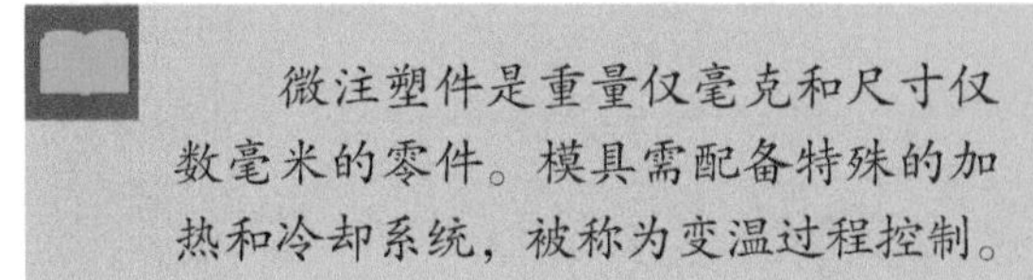

6.13 金属或陶瓷粉末注塑模具

粉末注塑成型是一种利用注塑成型技术制造复杂金属或陶瓷产品的工艺。

为了准备原材料，需将陶瓷或金属粉末与所谓黏结剂混合，黏结剂主要由热塑性塑料和润滑剂（油、石蜡）组成。这些塑料混合体可以加工成颗粒状，由传统模具注塑成“绿坯”。由于混合物内含大量磨料（50% ～ 70%），所以模具需要完全淬火。

浇口系统是能够在模内分离的冷流道。粉末金属零件具有良好的导热性，因此模具需要进行加热。又因材料对剪切力十分敏感，黏结剂会因局部过热而分解。这意味着粉末材料在模具内无法均匀分布，因此造成缺陷。

虽然注射成型的成型坯体尺寸较稳定，但十分脆弱。脱模时，大型产品可能会由于自身重量掉出模具而摔碎。

金属注塑成型（MIM）样品见图6.38。

图6.38 金属注塑成型（MIM）样品

（来源：Ferromatik Milacron）

然后，要从“绿坯”中去除黏结剂，这种所谓“脱脂”工艺需在烧结炉中完成。在这里，“绿坯”被加热到黏结剂分解温度以上，分解了的产物会像气体一样消散。结果形成一个多孔金属粉末框架，它具有足够的稳定性和几何精度。这时“绿坯”已经变成一块“棕坯”。

一般情况下，还会有少量黏结剂残留在产品中。在下一工序中，产品会被放入烧结炉。根据产品的粉末材料不同，烧结温度可高达2000℃。烧结中，注塑件会压实至98%，该过程中根据不同的黏结剂含量，产品体积会缩小15%～25%。

根据不同的黏结剂，脱脂时间可以从数小时延续至数日。脱脂时间也取决于产品的壁厚。从脱脂的性价比角度出发，壁厚不应超过10～15mm。

粉末注塑成型的优点在于其生产质量和产品精度较高。另外，加工的原材料可以根据最终产品量身定做。唯一的缺点是成型件无法由单一工序生产完成。

典型的应用有滚珠轴承环、齿轮、自锁油缸、切削材料以及医疗技术领域的零件。

陶瓷注塑成型（CIM）样品见图6.39。

图6.39 陶瓷注塑成型（CIM）样品

（来源：Arburg）

在金属或陶瓷粉末注塑成型时，浇口尺寸应该比热塑性塑料模具选得更大。顶针截面面积也应更大、数量更多，以减少机械强度相对较弱的成型坯体顶出时的受力。

6.14 快速成型

该术语出现于20世纪90年代，快速成型是各种基于产品设计数据，快速制造样品部件方法的总称。它既包括尺寸准确的塑料功能件生产，也包括模具镶件生产。

快速成型是指无需制造模具就能快速生产样件的方法。样件由立体光刻技术（见图6.40）直接加工。为此，需将3D数据模型转换成立体光刻数据（STL）。有了这些数据，才能制作尺寸准确的塑料功能样件。

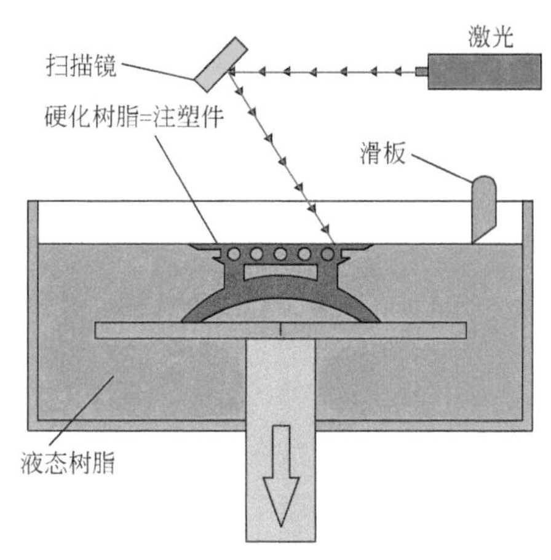

图6.40 立体光刻技术

烧结工艺

烧结工艺和烧结材料方面的进一步发展拓展了注塑件生产的新途径。有了烧结设备，诸如尼龙（polyamide）、ABS、聚乙烯（polyester）等塑料甚至金属材料的产品均可通过熔化和烧结工艺制作。金属材料里有不同的材料可供选择，例如普通钢材、不锈钢、模具钢、金属钛和金属铝。这些材料必须是粉末状的。

由金属烧结而成的零件，其力学性能几乎可与机械加工零件媲美。烧结工艺里所需的3D（CAD）数据需转化成STL数据包。

选择性激光烧结（SLS）

选择性激光烧结是一个增层制作过程，它可以生成三维几何形状。在该工艺里，通过激光或电离子束照射，金属粉末局部熔化并黏结。烧结用的激光束或电离子束均由STL数据控制。

利用快速样件成型工艺，就能够用简易的方法制造加工快速模具部件。有了这些模具镶件，就能既迅速又经济地生产快速成型样件。但该工艺不适合批量生产。

激光烧结系统由激光束、扫描器和一个盛有光敏树脂或环氧粒子的容器组成。可控激光束照射在树脂层上并产生热量，可将液态的树脂零件固化成型。

激光束像一支笔一样，描出树脂中成品的轮廓。当第一层激光扫描后，容器会降低0.1mm，该过程周而复始，直至最终产品完成。

选择性金属激光熔化（SLM）

该工艺中技术粉末按0.15mm的厚度在工作台面上均匀铺设。激光束照射到的位置，粉末颗粒熔化并紧密结合，形成产品中的一层。接着工作台会沉降并再次铺设粉末层，烧结过程再次启动。就这样一层叠一层，直至零件完成。制成的零件将放入快速样件模架中，可用来生产小批量的注塑件。金属烧结制成的零件其性能几乎和机械加工的零件相同。

快速成型原理见图6.41。

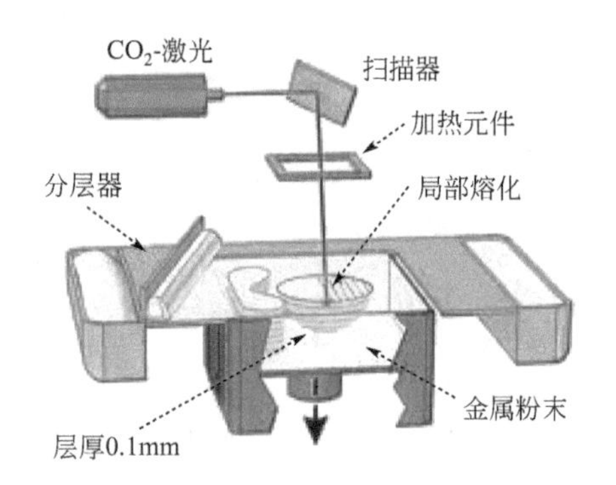

图6.41 快速成型原理

（来源：Florian Schneider, 慕尼黑应用科学大学，3系）

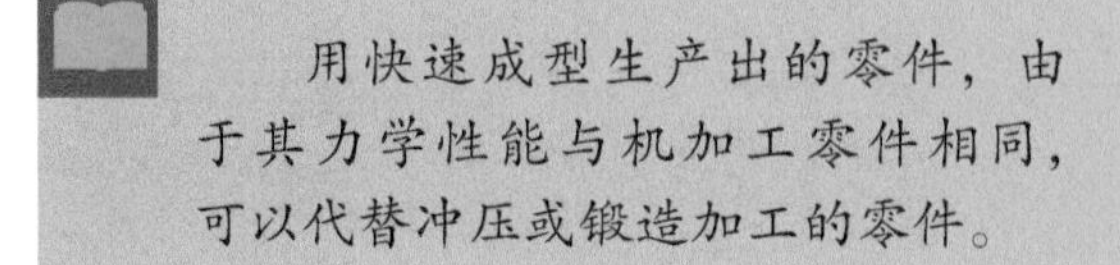

用快速成型生产出的零件，由于其力学性能与机加工零件相同，可以代替冲压或锻造加工的零件。

6.15 旋转台模具

当冷却时间过长造成注塑成型周期很长或需要嵌入镶件时，旋转台模具（见图6.42）是个很好的选择。

如果需要进行嵌件注塑，一般均采用一个上半模配数个下半模的形式，顶针系统装置在下半模。整个系统由注塑工位、给料工位和产品顶出工位组成。注塑单元和模具的分型面对齐并横向安装，原料由此处注入。

旋转台技术的优势是镶件预埋在空置等待的下半模内，不会从模具中掉落。为了最有效地利用该优势，可以配置四个或更多的工位。

如果注塑件的冷却时间很长，也可以使用另一种旋转台系统。该系统由数套模具的上下模组成，它们随着注塑周期缓慢冷却。注塑机配有注塑和顶出工位，注塑在分型面上完成。

顶出工位同时也是卸料工位，顶出时其他工位上的模具都处于合模状态。使用的模具套数越多，成型周期就越短。

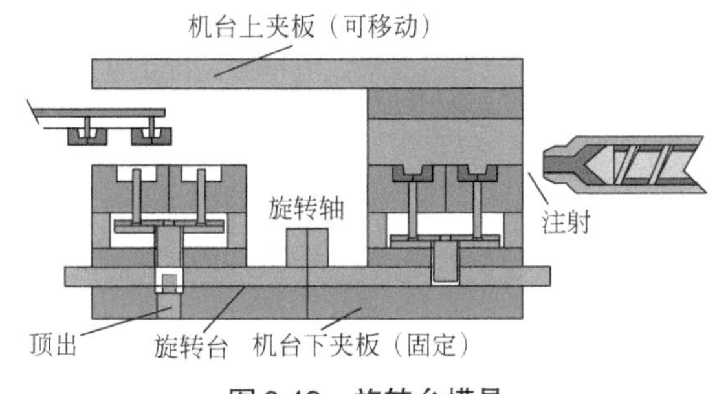

图6.42 旋转台模具

旋转台模具的优势是成型周期短，而劣势是模具成本较高。

6.16 硅胶模具

硅胶模具一般为电加热模具，需要连接抽真空设备，并且通常为冷流道。

如果仔细观察硅胶模具，就会发现其浇口比热塑性模具或热固性模具细小。由于黏度低，液态硅胶材料能渗入0.01mm甚至更小的缝隙中，所以模具制造需要很高的精度。分型面上的排气将非常困难。

这类模具无法抛光，否则硅胶产品容易粘在模具型腔上，新模具尤其如此。模具运行1～2h后该现象即会消失。

在选择和液体硅胶（LSR）相结合的材料时必须注意，这些材料在模具温度高达180℃时仍具有尺寸稳定性。含50%玻璃纤维的聚酰胺（即PA，俗称尼龙）材料最常用。

所有类型的双色热塑性注塑模具都可用作硅胶模具。

硅胶奶瓶嘴见图6.43。

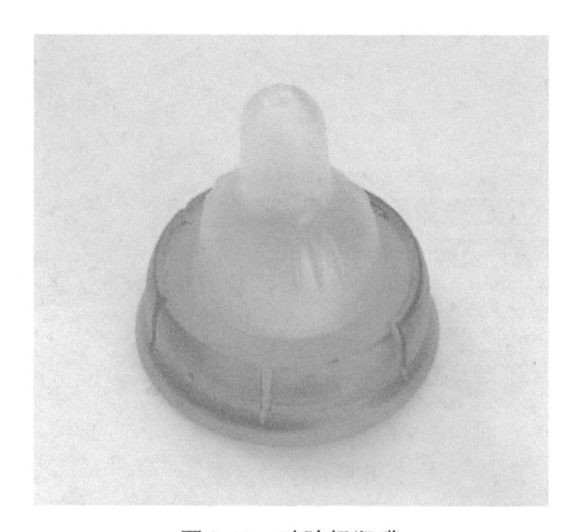

图6.43 硅胶奶瓶嘴

（来源：FOBOHA）

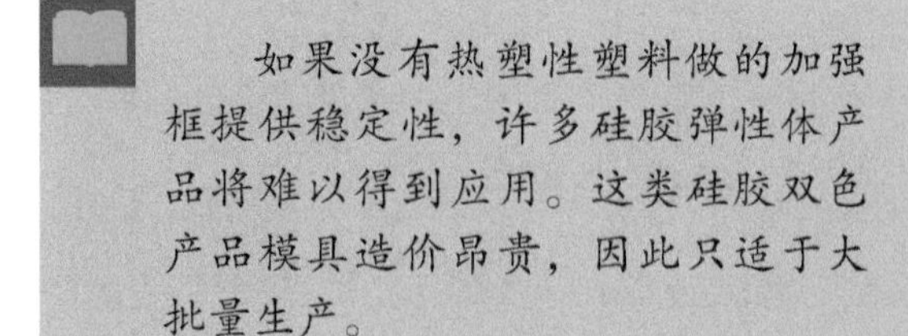

如果没有热塑性塑料做的加强框提供稳定性，许多硅胶弹性体产品将难以得到应用。这类硅胶双色产品模具造价昂贵，因此只适于大批量生产。

6.17 注吹模具

注吹成型（injection blow moulding）由两个加工步骤组成。第一步，注塑成型预塑件。随后或同时进行的第二步是预塑件在吹塑模中吹塑膨胀，原理见图6.44。

将预塑件从注塑工位转移到吹塑工位，需要一个转移动作。因此需要装置一个可旋转并可升降的中心模块。模具的概念相对简单，有预塑成型型腔和另一工位的吹塑型腔，而两工位上的型芯则是相同的。

为了缩短成型周期，根据注吹件的结构，可选择适当的分度板模具，它所配的第三工位用来冷却和脱出产品。注吹产品的质量可达到单纯注塑产品的水平。

注吹模具应用的领域有：包装和制药行业；阔口容器、罐、瓶以及其他容器。

典型吹塑产品见图6.45。

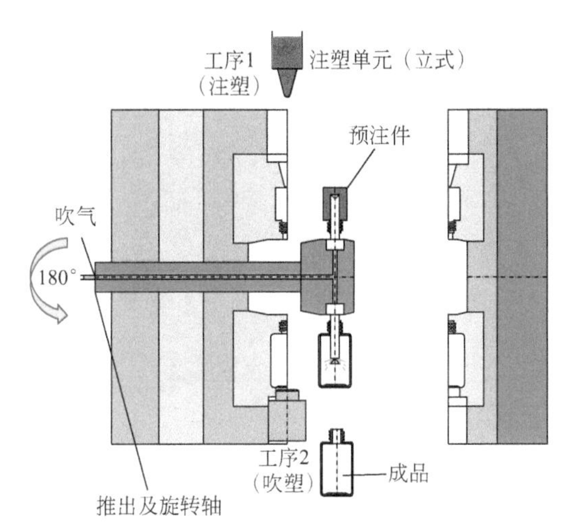

图6.44　注吹成型原理

图6.45　典型吹塑产品

（来源：Uniloy Milaron）

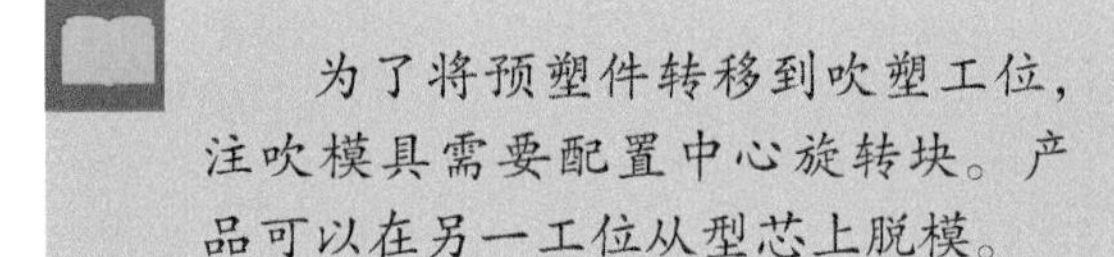

为了将预塑件转移到吹塑工位，注吹模具需要配置中心旋转块。产品可以在另一工位从型芯上脱模。

6.18 注塑压缩成型

注塑压缩成型（compression moulding，简称注压成型）常用于光学产品生产中。最典型的应用是放大镜、镜片、眼镜片毛坯和光学数据储存媒介。

应用这种工艺过程中，当熔融塑料注入模具时，模具只开启数十丝至几毫米距离。在接下来的挤压阶段，模具关闭并利用机台锁模力挤压模具中的塑料。此时，整个型腔均匀受压。塑料填充所需的低压力能避免气孔和缩痕的产生，降低内应力和翘曲效应，并最大限度地减少双折射。注塑件里几乎不再留有残余应力。

空白CD片也是用此工艺生产的。应用注压成型法，可将模具型腔上刻有的数据信息完美无瑕地转移到空白CD片上。

根据产品几何形状的不同，注压成型可用于产品局部区域。在模具方面，应该注意浇口在压缩过程中必须保持闭合，这样熔融塑料才不会被挤压回螺杆前腔。模具也需要封胶面来界定模具型腔。

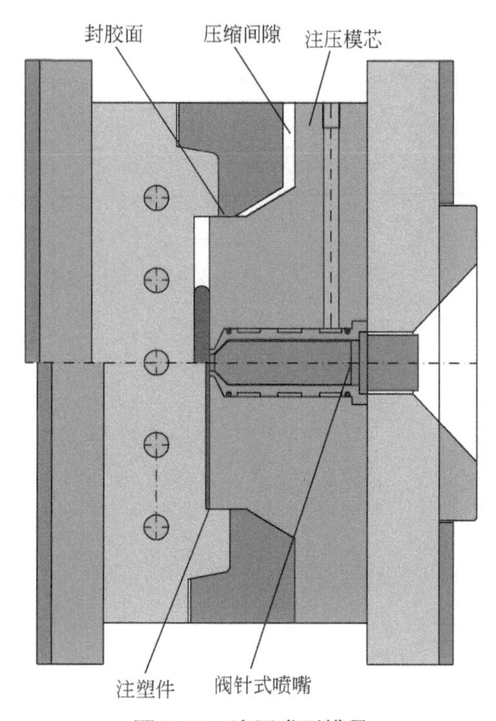

图6.46 注压成型模具

注压成型模具见图6.46。注压成型原理见图6.47。

注压成型可以避免光学产品中的内应力和双折射产生。挤压时整个型腔表面只需要均匀承受较低压力。

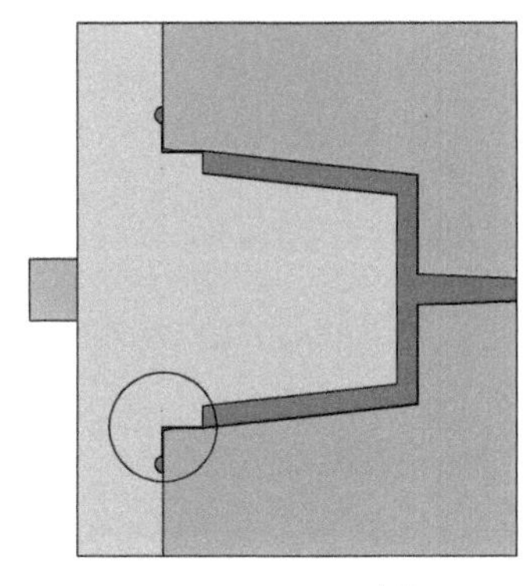
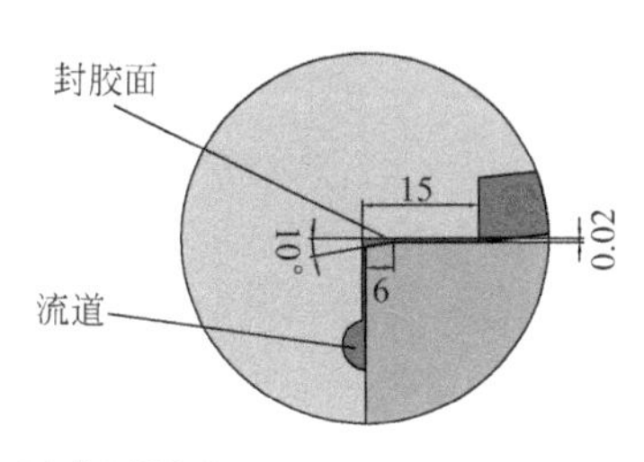

图6.47 注压成型原理

弹性体注压成型

在注塑生产批量大而且没有特殊要求的简单橡胶产品时，通常使用注压成型法。

使用注压成型法时，首先弹性体被压入少许分开的模具内。这时，由于注塑压力低，橡胶流体的排气很好。当注入足够剂量的弹性体后，机台关闭，弹性体通过分流道和浇口膜被压入型腔。弹性体注压成型过程中，材料在注塑件区域内，分布于所有模具表面上，这被称作浇口膜。

紧接着，连着浇口膜的硫化产品被顶出，或由取出装置取出。带浇口膜的注塑件见图6.48。

典型的应用产品有废水处理领域里的滚筒和密封圈或减振器、薄膜以及类似的橡胶产品。

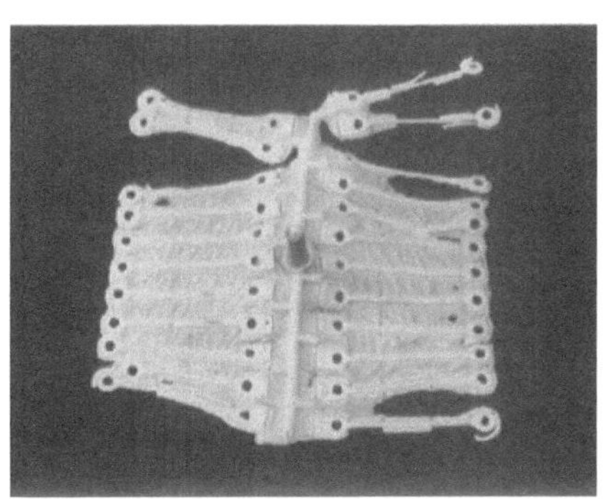

图6.48 带浇口膜的注塑件

注塑件和浇口膜相连，它们可从浇口膜上被冲裁下来，或者瞬间冷冻后被折断。瞬间冷冻时的低温使得产品浇口膜断裂，产品上也不会残留毛边。

6.19 织物背注成型技术

在背注成型技术里，装饰性材料在模具内与塑料结合，它们多数为织物或薄膜。无需黏合剂的注塑装饰件可由单一工序加工完成。

装饰材料的粘接是由热塑性塑料渗入三层复合的装饰材料来完成的。为防止顶出时装饰材料受到损坏，顶针会放在浇口一侧。

织物背注成型的关键是理想的装饰膜供给。织物放入、定位，并由夹紧框、针形夹和多种支架固定。机械手将预成型的装饰材料片放入模具分型面，接着进行背注成型（原理见图6.49）。

对于细长产品（如汽车立柱包边装饰件），可使用级联注塑。模具需要安装针阀式热流道系统。级联注塑时，喷嘴顺序打开并顺序关闭。

织物背注成型件见图6.50。

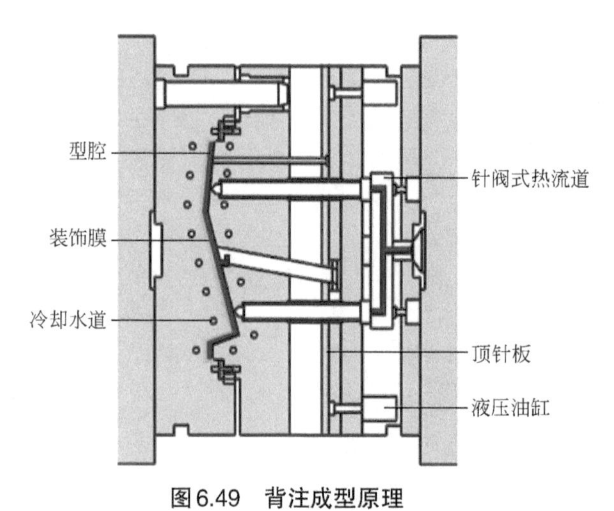

图6.49 背注成型原理

（来源：Georg Kaufmann Formenbau）

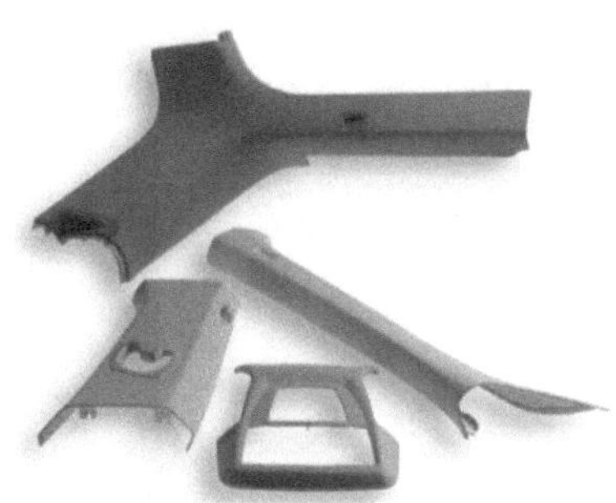

图6.50 织物背注成型件

（来源：Georg Kaufmann Formenbau）

在织物背注成型中，由单一工序将织物和塑料件紧密贴合起来，从而省略了耗时并产生污染的覆塑工艺。

6.20 工件传送架系统

工件传送架系统（原理见图6.51）由排列在链条或转盘上的半模或可互换托盘组成，并横跨注塑机。

工件传送架系统的优点是有了它注塑机便可以全自动运行。与此同时，利用机外循环的可互换托盘可以填装嵌件或取出已完成的注塑件。

该系统可配置在立式或卧式注塑机上。浇注侧半模以及顶针是固定安装在机台上的。

工件传送架模具见图6.52。

小型零件，包括电子元器件（例如微动开关、LED、晶体管）或医疗产品均可由这种传送架系统制造。

典型的医疗产品加工流程是：

- 模外预埋嵌入一次性针管；
- 合模注塑；
- 装上针头保护套；
- 取出成品。

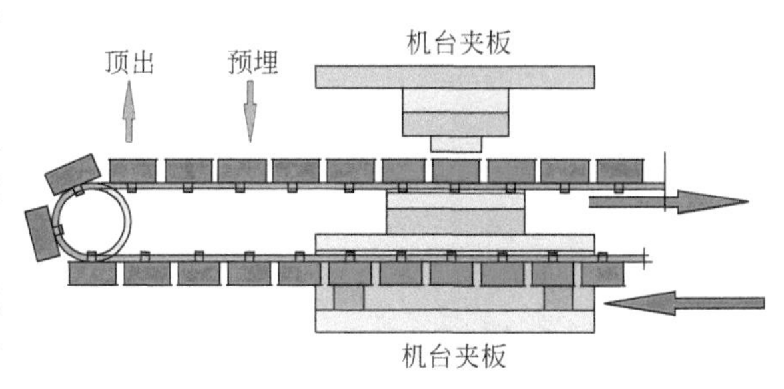

图6.51 工件传送架系统原理

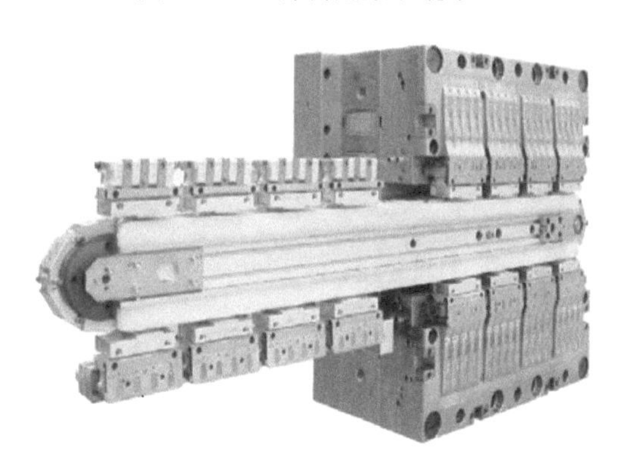

图6.52 工件传送架模具

（来源：Zahoransky Group）

参考文献

[1] N.N.,"Spritzgieß-Schnellläufer mit Tandemwerkzeugen," *Kunststoffe* March（2003）Hanser Publishers, Munich.

[2] N.N., "Mehr Farbe und Funktion," *Kunststoffe* June（2003）Hanser Publishers, Munich.

[3] Johannaber, F., Michaeli, W., *Handbuch Spritzgießen*（2004）Hanser Publishers, Munich.

工件传送架系统的优点是成型周期短，可以独立预埋和取件，且具有很高的预埋自由度。

第7章 模具表面处理

7.1 常用表面处理工艺

模具制造中所有表面处理的目的都是为了减少磨损或者降低模具可能发生的腐蚀。所有运动的模具部件都会产生磨损。而防止腐蚀则需要保护与冷却介质接触的零件表面。磨损和腐蚀的产生和发展大多数是个渐进过程，两者都会在经济上带来较大的不良后果。

典型表面处理工艺见图7.1。常规表面处理工艺规范见表7.1。

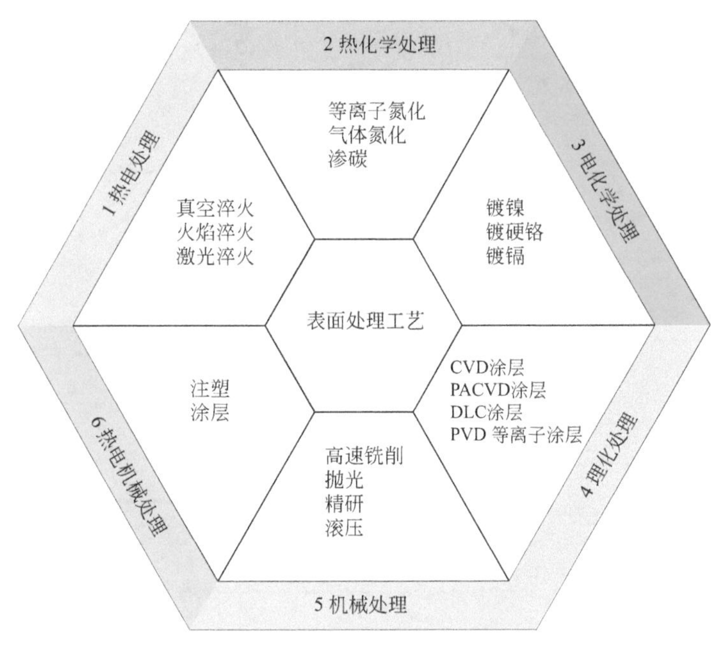

图7.1　典型的表面处理工艺

表7.1 常规表面处理工艺规范

（来源：Hanser）

工艺名称	硬度范围			常规工艺温度/℃	常规层厚/μm	可重复性	尺寸精度	优选钢材
	1000	2000	3000					
火焰淬火				*	高达5000	+	+	调质钢
激光淬火				*	高达2000	++	++	调质钢
表面淬火				920	高达2000	++	++	表面淬火钢
化学镀镍				80	高达2000	++	++	预硬及淬火钢
镀硬铬				60	8～50	++	+	预硬及淬火钢
气体氮化				500～550	高达50	++	++	预硬及淬火钢**
等离子氮化				300～550	高达30	++	++	预硬及淬火钢**
渗碳				850～1000	高达60	++	+	预硬及淬火钢
CVD/TiC				950	高达10	++	+	淬火钢**
PACVD/类金刚层（DLC）				200	高达30	++	++	淬火钢**
PVD/CrN				220～450	高达10	++	++	预硬及淬火钢**
PVD/TiN				220～450	3	++	++	淬火钢**
PVD/TiCN				450	3	++	++	淬火钢**
PVD/TiAlN				450	高达10	++	++	预硬及淬火钢**

注：*钢材的奥氏体化温度；**注意与处理温度相比的耐回火性。

7.2 热处理

热处理包括真空、激光和火焰淬火等方法，工件可通过淬火来防止磨损。目前，主要应用的是真空淬火法。

7.2.1 真空淬火

真空淬火的零件是在一个密闭容器中进行加热处理的，抽出容器中的空气便产生了真空。

真空淬火适用于高强度钢材、热作及冷作钢材、不锈钢和抗酸钢材以及高速钢的淬火处理。

在填装淬火炉时，要保证尺寸类似的工件同时处理。这是因为不同大小的工件淬火时间是不同的。淬火炉填装完毕后，抽出空气并形成10bar（1bar=10^5Pa）的真空。

根据工件尺寸的不同，淬火炉应分段升温以避免产生内应力。例如淬火温度要求超过900℃的钢材，应有400℃、600℃和850℃三个均温阶段。

与标准淬火过程类似，一旦工件达到了淬火所要求的保温时间便开始冷却。真空淬火时，冷却是在0.6MPa的高纯度氮气中持续进行的。根据经验法则，半冷时间（淬透）可根据每毫米壁厚0.5min来推算。

为了避免横截面差异较大的工件淬火开裂和应力集中，冷却过程需要分级进行。冷却阶段应该以100 ～ 150℃的均衡温度结束。更低的温度会提高残余应力水平。

7.2.2 激光淬火

激光淬火是一种淬火效果好、具有可复制性的表面淬火方式。激光束淬硬深度可达2mm、淬火范围明确可控。

7.2.3 火焰淬火

该淬火工艺通过表面部分加热至淬火温度，然后进行冷却。在早期，火焰淬火是模具制造行业中最普遍使用的方法。火焰加热通过火焰枪完成。但需要注意火焰枪离工件的距离和加热速度的一致性。

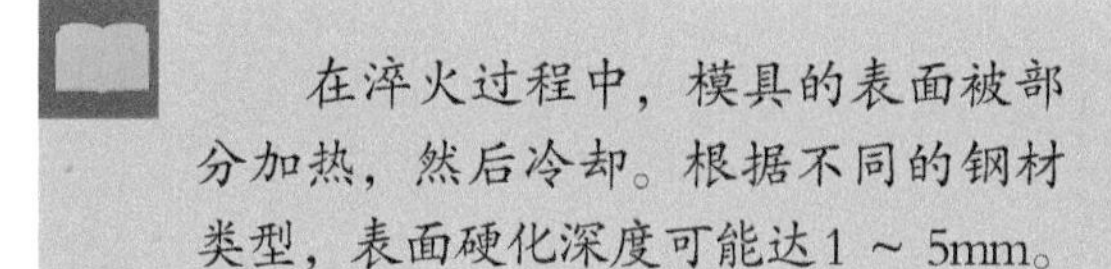
在淬火过程中，模具的表面被部分加热，然后冷却。根据不同的钢材类型，表面硬化深度可能达1 ～ 5mm。

7.3 热化学处理

在热化学处理过程中，当钢材加热到硬化温度时，碳、氮，或碳和氮会渗透到钢材中。这些可渗透物质的供给有多种形式，如粉末状、糊状、颗粒状、液态或混合气态。

7.3.1 气体氮化

氮化时，氮气通过渗透进入钢材表面。根据钢材不同，硬度可以达到维氏硬度（HV）700 ～ 1200。在此过程中，并无内部结构性转变。工艺温度为450 ～ 580℃。根据处理形式和层厚的不同，表面粗糙度可能有所增加，但可以后续抛光恢复原状。

7.3.2 等离子氮化

等离子氮化过程中，等离子在真空中由电荷放电产生。电压高达1000V时注入含氮气体，从而发生离子化。气体离子有限度地轰击模具。模具加热后，氮便渗透到工件表面内。由于工艺温度低，等离子氮化极大地减少了尺寸和形状的变化。因而对细而长、对弯曲敏感的零件特别有利。

7.3.3 渗碳

渗碳（也称为表面硬化）时，碳原子扩散到模具钢的表层内。 根据渗碳过程的时间长短，渗碳层厚最多可达2mm。在这个过程中，渗碳层会发生结构性变化。该过程中的工艺温度约为900℃。

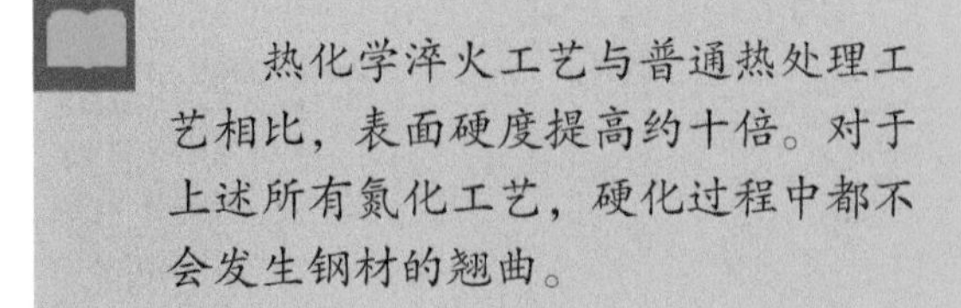
热化学淬火工艺与普通热处理工艺相比，表面硬度提高约十倍。对于上述所有氮化工艺，硬化过程中都不会发生钢材的翘曲。

7.4 电化学处理

电化学处理工艺能防止模具的磨损和腐蚀，在加工有化学侵蚀性的塑料如PVC时，它应优先得到选用。

7.4.1 电镀硬铬

电镀硬铬是塑料加工行业一项应用已久的工艺，用来防止模具磨损和腐蚀。特别是增强塑料或含有以下添加物的塑料，如玻璃纤维或碳纤维、矿石粉、滑石粉或纸浆。添加物会增加磨损或腐蚀。而镀硬铬后，模具表面就能得到保护，防止发生磨损。

中小型模具镶件应淬透并且根据需要表面镀硬铬。例如汽车保险杠一类的大型模具应使用回火钢制作，然后镀硬铬。通过镀硬铬，模具表面硬度可达700～1100（维氏硬度）。

由于大型模具零部件淬火时易产生变形，故需使用预硬钢制作。硬而脆的零件表面会产生微裂纹。在模具腔体内部压力较高时，则可能发生开裂。

7.4.2 化学镀镍

另一种主要的防腐蚀保护方法是化学镀镍。当深槽或深孔需要防腐蚀时，便可以使用该工艺。这在型芯和型腔的冷却水道区域尤为重要。

至于模具防磨损和防腐蚀，上面两种工艺可以合并使用，即先镀镍，再镀铬。

电化学处理的一大优点是其60～80℃的低工艺温度，模具在此过程不会发生翘曲变形。高质量涂层的前提是需要精磨或者抛光的表面。

7.5 理化处理

物理化学处理工艺就是硬化涂层。而对于模具镶件的不同部位可以使用不同的理化处理工艺。

7.5.1 化学气相沉积

化学气相沉积（CVD）是以化学的方法使气相中的物质沉积。该工艺的优点在于涂层有很高的抗磨损性和附着性。因此常被用于切削刀具、冷冲、折弯和注压成型模具部件上作为表面涂层，其厚度仅为2 ～ 10μm。

该涂层可以应用于所有常用的模具用钢材，如高速钢、烧结金属、冷作钢。缺点是其工艺温度会高达1000℃。

7.5.2 等离子化学气相沉积

等离子化学气相沉积（PACVD）是CVD工艺的进一步拓展，但只需要200℃的工艺温度。由于温度低，产品不会发生变形，对模具制造业者而言是一个很大的优势，如今该工艺得到了广泛的应用。涂层厚度为1 ～ 3μm。

7.5.3 类金刚石涂层

类金刚石涂层（DLC）非常坚硬。由于其出色的抗磨损、抗摩擦和抗腐蚀性能，正得到越来越广泛的应用。该涂层很少像其他硬涂层发生脆化，而且有类似聚合物的特性。除此之外，它能很好地抵抗多种化学物质、生理物质和食品卫生物质的腐蚀并且本身无毒。

7.5.4 物理气相沉积

物理气相沉积（PVD）是以物理的方法使气相中物质沉积。钢材和硬质金属都可在200 ～ 500℃进行涂层。

被涂层物质如铬、钛或铝在电子束或电弧中蒸发。这样，倒扣部位或深孔只能实现部分涂覆。如今，物理气相沉积已经很少被采用了。

硬涂层能改善模具在加工有磨损性塑料时的耐磨性和抗腐蚀性。

7.6 机械加工处理

7.6.1 高速铣削

高速铣削（HSC）的主要优点是在五轴机床上通过一次装夹工件，便可以完成任何外形的加工，而不需要重复装夹。

高速铣削的另一个优势是可以加工粗铣过或硬化过的工件。用球头铣刀以百分之几毫米的切削刀路间隔切过工件表面，便可达到和磨削一样的表面质量。

高速铣削还有一个优点：机加工时工件的温度不会显著上升。这是因为当切削进给速度比热传导速度更快时，加工产生的大部分热量都会被切屑带走。

高速铣削是切削技术中常用的加工方法，因为高速铣削时的切削速度和进给速度比一般铣削加工高5～10倍。

7.6.2 表面光洁度

表面光洁度非常重要。大型注塑件的可见区域是否具有均匀的光洁度备受关注。

注塑件表面粗糙度其实取决于成型模具表面的精密度。

粗糙的型腔表面正常成型后产品是亚光的，而不正常成型会造成亮斑。这是由于注塑件与型腔壁不够贴合，导致冷却不充分而造成的。注塑件里的残留热量会导致表面亮斑。

除了模具表面质量外，影响注塑件表面粗糙度的决定性因素有熔融温度、注塑压力和注塑速度等。

表面光洁度不仅仅是一个纯粹的物理度量，而且是生理（视力）和心理（情绪）的度量。光洁度值可以根据DIN 67530用反光表测量。

7.6.3 高抛光

即使是现在，大多数抛光仍然是由手工完成的。只有平面或圆柱体的抛光才会使用抛光设备。机器抛光能达到比手工更高的平面度。

抛光后的表面粗糙度可达0.001 ～ 0.01μm。前提条件是钢材中不能有杂物，材质需要均匀，而只有热轧回火的半成品钢材才会有这样的材质。

铜材在硬化状态下具有很好的抛光性。预抛光可以以毛毡和剑麻盘开始，配以约10μm粒径的抛光膏。下一步推荐使用含有精细抛光剂的法兰绒或者纤维抛光盘。必要时，最后可使用优质天然毛刷。

7.7 表面蚀纹

光化学蚀刻可以改善产品的表面质量。这项技术的基础是酸可腐蚀金属。金属借助饰纹模板在一定时长酸的作用下，形成表面蚀纹。

蚀纹技术基础：酸腐蚀金属后可去除金属。将酸涂在模具镶件上，其表面就会被腐蚀变深，而被保护涂层局部覆盖的部分不会被腐蚀，这样就产生了不同层面上的纹理。蚀纹的深度取决于酸作用时间的长短。

所需要的蚀纹或皮纹是被转印到模具表面上的，就像复印一样。根据需要的蚀纹先做成底片，然后复制到薄膜上，由此保护涂层就被转印到模具表面上。

腐蚀过程结束后，保护涂层被洗掉，模具表面就显现出样板底片上的纹理结构。样板提供了真皮、木质、橡木、织物或其他类似材料的纹理。多层腐蚀能做出更逼真的纹理。

模具上所有不需要蚀纹的区域，事先都需要用PVC胶带粘贴或用防护涂层覆盖起来。表面蚀纹时需要注意，所有部件需用同种钢材制作，以消除蚀刻图案的差异。如果蚀纹后出现光泽差异，则可用喷砂处理让纹路变得均匀。所有表面处理工艺如氮化和涂层都应在蚀纹后进行。

蚀纹注塑件见图7.2。

图7.2 蚀纹注塑件

蚀纹能改善注塑件表面外观。蚀纹可以细化、装饰、修饰或遮瑕。遮瑕可使缩印和熔接线变得不太明显。

7.8 钢材选择

模具钢材选择的标准是具有良好的可加工性、电加工性以及韧性，还要有良好的可抛光性和可蚀纹性。除了需要进行淬火处理，滑块、顶针和推板等运动部件还需要进行涂层处理，以达到更好的滑动性。此外，粉末冶金钢的应用已变得日益广泛。

模具制造中的常用钢材见表7.2。

表7.2 模具制造中的常用钢材

材料代号	钢材种类	应用范围
1.1730	非合金	模架
1.2311	预硬	模架、模具部件
1.2312	预硬	模架、模具部件
1.2343	淬火钢	高要求模具
1.2767	淬火钢	抛光性良好
1.2083	抗腐蚀	所有热塑性模具和PVC模具
1.2764	表面硬化	可承受高压力

7.9 铝模

中小批量的产品使用铝模生产有很多优点，而用来制造热塑性铝模的铝材选择范围广泛。

对于大型模具来说，铝模的优点尤为显著。尽管模板需增厚并需要增设加强筋，铝模的重量仍能降低约50%。而铝的加工效率也比钢材高50% ~ 70%。

由于加工效率高并且重量轻，使铝模比钢模的生产周期约短30%。

注塑模具使用的铝材需要经过特殊的改良。有各种尺寸的铝板可用于制造铝模，也有不同硬度的铝材可供选择。人们可选择铸造、揉捏或锻造的铝板，它们的硬度可高达600kN/mm^2。

作为原材料，铝也可以进行抛光。通过淬火和锻造处理的铝材可达到很高的密度，抛光后不会有任何小孔。

铝可以进行线切割和电火花加工。铝制模具及其镶件也可进行镀铬、镀镍或者做PVD涂层处理。

铝制模具如果装有热流道系统，接触面上需要装置钢环或其它的支撑部件。原因有两个：一是热流道可能会被压入铝板，二是由于铝具有良好的导热性，浇口附近的热量会被带走过多，造成浇口冻结。

参考文献

[1] Krüth, S., Mennig, G., *Mold-Making Handbook*（2013）Hanser Publishers, Munich.

[2] Vetter, R., Mennig, G., *Mold-Making Handbook*（2013）Hanser Publishers, Munich.

[3] Johannaber, F., Michaeli, W., *Handbuch Spritzgießen* 2nd edition（2004）Hanser Publishers, Munich.

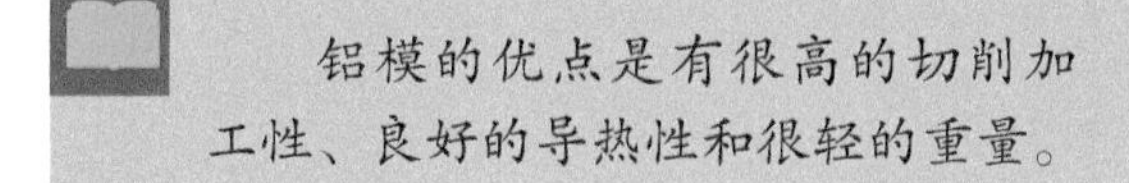

第8章 机械加工工艺

8.1 电火花加工

放电加工是一种利用电热能量加工金属的减材工艺。

电火花加工（EDM）过程中，电极和模具之间通过放电产生火花。

电极在一个充满非导电介质（油或者去离子水）的电解槽中下降并靠近模具，直到产生火花。根据电流强度的不同，电火花放电间隙介于0.005～0.5mm。

火花逐点熔化材料并发生汽化。材料的去除率取决于放电的频率、时长、间隙和极性。

电极和模具零件都需要持续冲液。此外，电极会按预设的时间间隔上提，将废屑冲掉。电极材料取决于所加工的模具材料。一般有紫铜、石墨、铍铜和硬金属。

根据VDI 3400的电火花表面粗糙度指数见表8.1。

表8.1 根据VDI 3400的电火花表面粗糙度指数

表面粗糙度/μm	VDI 标准
0.4	12
0.56	15
0.8	17
1.12	21
1.6	24
2.24	27
3.15	30
4.5	33
6.3	36
9	39
12.5	42
18.0	45

电火花加工的优点是能加工淬硬工件，也能加工出不同纹理和粗糙度以及复杂形状的表面。原则上放电电极为阴极，和塑料件的形状相同。

8.2 线切割放电加工

线切割放电加工（wire EDM）能够充分提高钢材的加工效率。

大多数线切割都需要钻预孔。必要时，线应穿过该预孔，然后通过两张紧轮，穿过工件。切割线只使用一次。导向装置保证线能够垂直切割，避免发生晃动。

线切割通常在电解液中进行。电解液能够冷却线体，以保证产生的电弧能让钢材汽化。线体以25m/min的速度前移。

通过多次修割，工件的表面粗糙度可达2μm。

有了线切割电火花加工，就可以高精度加工细小的切缝以及厚度在200mm以上的钢板。而切割的贯通槽可以不带圆角（*R*为0.01mm）。

切割线的材料有黄铜、紫铜、钨和钢，线径为0.02～0.3mm。

加工预孔的材料是黄铜或紫铜制成的细管。

线切割加工速度比钢材的粗加工快6～8倍，比精加工快3～5倍，比超精加工快2倍。最后的抛光用时也只有钢材的1/3。

8.3 烧焊

烧焊工艺的主要应用包括弥补模具在生产中产生的磨损和纠正模具加工缺陷。

模具工都知道这句话："锤子、熔焊和锡焊，能解决模具工所有的问题"。而今天这句话只有比喻意义。在模具制造行业，烧焊工艺大多数都用于修理和改正模具。

堆积式焊接即工件的局部包覆，可采用被包覆的工件母体材料，也可以用其它材料。修模时通常用同种材料进行堆积焊接。工件可以由硬质材料层保护而不被磨损，有人称之为盔甲。

该工艺有以下几种变化。

8.3.1 钨极惰性气体氩弧焊

钨极惰性气体（TIG）是氩气、氮气和氦气的混合体。在非熔耗钨电极和工件之间产生一个电弧，以便创建一个熔池，接着焊条以手工方式送入，随即熔化。

8.3.2 金属极惰性气体氩弧焊

金属极惰性气体（MIG）是氩气和氦气的混合物。电极丝穿进气嘴，电弧在电极和焊丝顶部产生，随即电弧将焊丝熔化。

8.3.3 金属极活性气体氩弧焊

由氩气和氦气与二氧化碳或氧气混合成金属极活性气体（MAG）混合物。绕在线轮上的焊丝既包含填充材料，也充当导电电极。流过焊接点的气体用来避免发生氧化。活性气体混合物、电弧和焊接添加剂相互作用，以提高熔敷率并降低结渣率。

8.3.4 激光焊接

激光焊接的优点是激光能量强度高和加工位置精准。此外，由于热量导入较低，工件很少发生翘曲变形。

在轮廓成型件的边缘区域焊接时，通过精细的操作可以大大减少后处理工作。移动式激光焊接机可直接对装夹在机台上的模具进行小修。

8.4 冲压和落锻

这两种工艺中，与注塑件形状相同的冲头将被冲入金属块中。这两种方法目前已经不再使用。

8.4.1 冲压

用冲头冲击金属块是一种常温下的冷成型工艺。淬过火的冲头被高压冲入钢板中。为增加韧性，钢板常有较高的铅含量。一枚冲头可制作出多个相同的型腔。

常温冲压成型可以获得和放电加工同样的尺寸精度，而其表面质量可以和抛光过的型腔媲美。

8.4.2 落锻

在落锻中，加热至950～1200℃的金属块在两半模（模腔和凸出的冲头）之间成型。

使用冲头的落锻见图8.1。

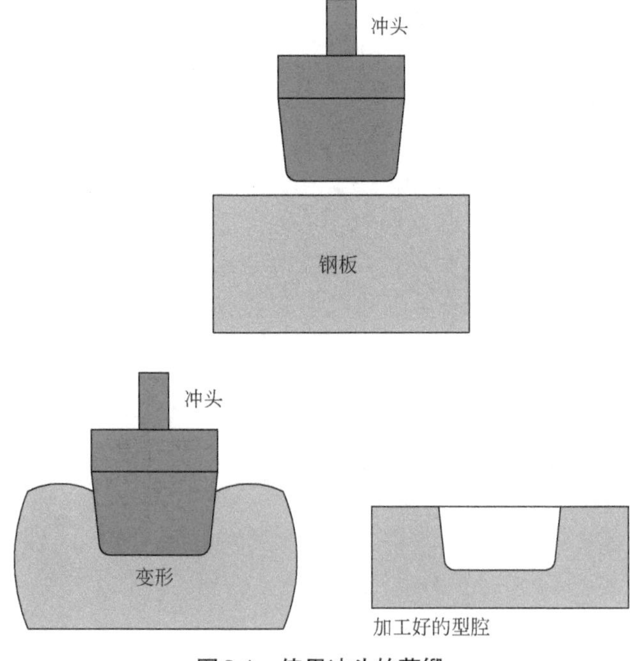

图8.1 使用冲头的落锻

8.5 铸造

铸造是一个将可铸材料无压力地注入型腔的工艺。型腔是待生产部件的负片。

所有的铸造模具都设有浇口和排气冒口。铸造模具的特点就是它能够多次使用。

对于小批量生产，这些模具可以用木头、石膏以及硅胶制成。

对于大批量生产，需要耐久的钢制模具。

用这种铸造模可以生产模型特征独特的塑料件，或者处理批量很小的产品。

铸造技术原理见图8.2。

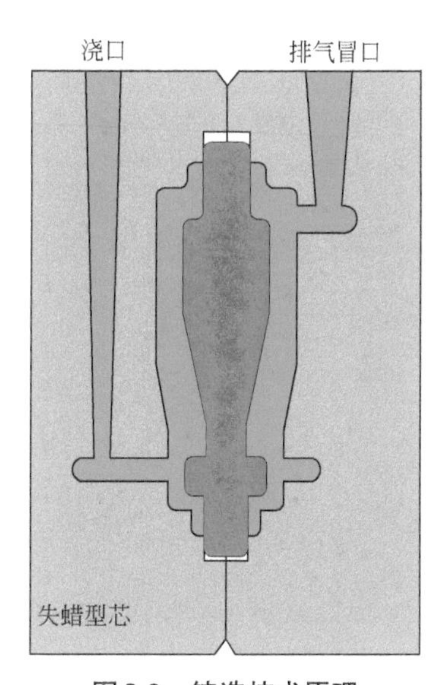

图8.2 铸造技术原理

8.6 模具镶件电铸

电铸模具的优点是利用易于制造的原模便可获得相反的模型制件。

原模可以用金属或塑料制作。但是，需要遵循电铸的基本原则。复杂的几何形状也可以由电铸成型。

首先，将导电涂料涂于原模上，这通常是由化学镀银工艺完成的。然后，将原模浸入含有镍盐溶液的电解液盐浴中。

原模用作阴极，而悬于盐浴中的镍板作为阳极。阳极和阴极连接到直流回路中。电流导致镍离子离开阳极并沉积于阴极上。4 ～ 5h后，原模上将有一层厚度为3 ～ 4mm镀镍层。通常用一层镍再覆一层铜。根据用途的不同，壁厚甚至可达20mm。

通常使用的电铸模具镶件其洛氏硬度为44 ～ 48（HRC）。制造精良的镀镍层无微孔，表面质量优异。通过电铸，原模表面上最细微的轮廓细节都能准确转移。真皮纹理、最细微的钻石研磨面以及皮肤纹理均可被复制。

电铸槽模型见图8.3。

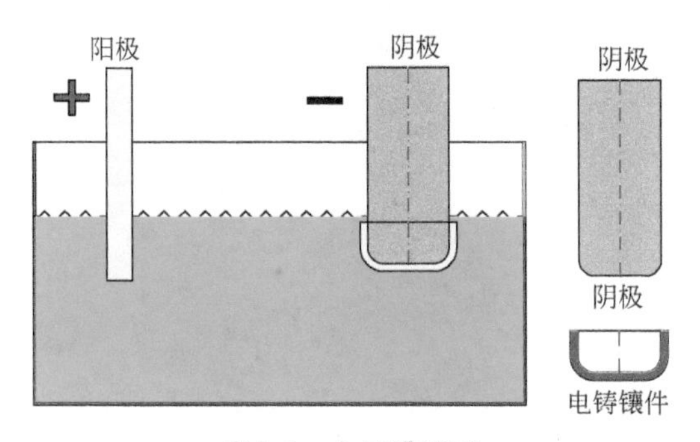

图8.3 电铸槽模型

电铸制造的模具型芯，是包括电火花加工在内的传统减材加工工艺经济有效的替代方案。同时，原模上的细微结构能以微米级的精度复制到负极模具镶件上去。

第9章 模具的保养、维护和存放

9.1 模具保养

长期常规的模具保养必有回报。每天只需要完成简单的几个步骤，就可以保证模具长期安全生产。

常规模具保养要求如下：每当换班或生产开始前，都需要进行目视检查。这时，检查分型面、滑块和导向零件很重要，残留物和塑料飞丝都必须去除。还要检查移动部件如滑块的移动是否轻便，必要时要对滑道进行清洁和润滑处理。

如果每班结束后需关闭注塑机，则模具必须打开，用布将分型面清理干净并吹干。分型面还需喷涂防腐油，然后将模具闭合，但需留几毫米间隙，以防止分型面间产生冷凝水。另外，如果注塑机将停用多日，建议将冷却水系统排空。这样可以防止冷却液造成的腐蚀。如果冷却液中含有防锈剂，则无需排空冷却系统。

如果模具将停止生产，保养则需更加完整。最好在一块专用的工作场进行保养，以便打开和关闭模具。如果找不到这样的场地，保养可以于卸模前在注塑机上完成。但由于机台的单位工时费高，这种备选方案成本昂贵。

值得推荐重复性保养的规范或点检表。很多模具供应商都会提供这些表格，并附有备件清单。

9.2 检查

生产结束后模具必须妥善存放。要注意，需使用不含硅和特氟隆的防护剂。

模具存放前必须先降温，以免在模具表面产生冷凝水而导致腐蚀。

冷却水道需要关闭。为此，请选用有密封功能的水接头。建议在冷却水道里灌满含防锈剂的液体，以防氧气入侵。

对于滑块、动模型芯以及其他部件的保护，有效的方法是将它们完整地喷上枪油。这种油能蠕动渗入细如发丝的缝隙中，并很均匀地分布在模具或零件的表面。枪油的黏性良好，还能去除燃烧残留物并保持机构润滑。

曾经加工过聚氯乙烯（PVC）的模具，特别在浇口区域，必须进行更彻底的清洁和保护。PVC加工中会析出盐酸，需要防止它对模具造成的腐蚀。

一旦完成模具养护的步骤，模具便可进行存放。需要特别注意的是在模具运送到仓库途中，模具不应完全闭合。有效的方法是用垫块保持模具分型面间最少5mm的间隙。这样就能确保一旦有冷凝水产生则会流出模具，模具则可以晾干。

建议：相关的辅助装置如机械手爪、夹具和检具以及备品备件都应彻底检查。

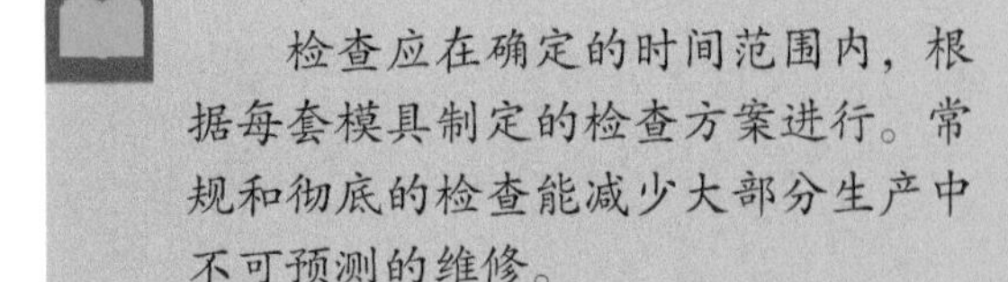

9.3 维护

作为一般原则，模具在存放前需要经过检查，并在必要时进行维修。

在中小型公司里，维修工作是在模具制造车间进行的，他们大多数有自己的维修部门。在这里会进行模具供应商规定的维护工作以及必要时的易损件更换。

此外，需要检查热流道系统、限位开关和其他监控设备的连接。故障的详细记录将有利于总结设计失误。而进一步的错误分析则有助于识别薄弱点，减轻对生产的不良影响。

对于停止生产或将要生产的模具，也要进行必要的维护。在生产过程中一些规定的日常保养工作，则由机台操作员应按规定自己完成。

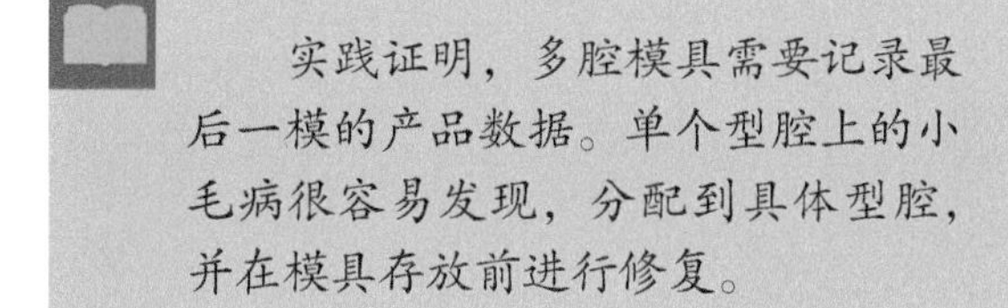

实践证明，多腔模具需要记录最后一模的产品数据。单个型腔上的小毛病很容易发现，分配到具体型腔，并在模具存放前进行修复。

9.4 存放

模具存放需要干燥和防火。存放前要做好维护，以便生产开始时就能很快地投入使用。

注塑模具不允许和原材料、油脂和油品共同存放。理想的地方是靠近生产场地的中央模具存放仓库。另外其他辅助设备，如机械手和模具相关的特殊设备都推荐存放于此。

一般来说，所有短期内无法替换的仪器设备都要特别注意防火和消防水。防火门和防火墙都是模具安全存放的关键完善措施。

除了存放位置的标识外，每套模具的标识也应安装在货架上（见图9.1）。下列信息对模具归类存放均有帮助：

模具号码
产品号
模具尺寸
模具重量
模具制造商
制造年份

为了便于快速识别，建议在模具上附带一件注塑产品。

图9.1 在重载荷货架上存放模具
（来源：FOBOHA）

推荐将模具存放于重载荷货架上。存放位置需要有标识，这样模具可依次分配并易于快速寻找。